虚構の森

田中淳夫

新泉社

写真　田中淳夫
イラスト　山口洋佑
デザイン　三木俊一

はじめに——森を巡る情報の「罠」

母校《ぼこう》の大学で講義をする機会があった。森林ジャーナリストとして、学生に話をしてくれと頼まれたので気軽に応じたのである。

私は農学部林学科出身だが、当時の林学とは林業に関わる学問だった。だが今は、農学部生物資源科学科の中の地域生態環境《ちいきせいたいかんきょう》科学《かがく》コースで森林を扱う。林業のイメージはかなり薄まり、環境としての森林を学ぶ場になった模様だ。

何を話したらよいかと考えた。大学の講義といっても、私は研究者ではないから自らの研究内容を話すことはできない。そもそも在学中は留年もした落ちこぼれだ。かといって、学生時代の昔話をしてもウケないだろう。話す方は楽しいが。

そこで「森林環境を巡る情報リテラシー」というタイトルを掲げた。小難しい言葉を使って大学の講義らしく見せかける魂胆だ。リテラシーは読解力と訳されるが、ようするに報道される情報の読み取り方を伝えようと思ったのである。これならジャーナリストっぽく私の仕事内容に触れられるし、学生には新鮮な話になって格好がつく。

そこで最初にいくつかの「森を巡る常識」的な質問を投げかけた。たとえば、

- 世界の森林は、減少している?
- 森林は、CO_2を吸収し、酸素を放出する?
- 森林は、水源涵養する（水を溜める）?
- 森林は、山崩れを防ぐ力がある?
- 人工林は、天然林より生物多様性が低い?

などなど。そのほか林業的な項目もいくつか入れたが、世間的には「イエス」と答えるような問いかけだ。教室の学生たちも、だいたい首を縦に振ったように思う。

そののち、最新研究のニュースや私が取材した現場の話を紹介した。大方、先の質問内容を「ノー」とする内容である。どちらが正解と思うか、とまた問いかけた。

実は、最初示したのは罠だった。正解を問うているのではない。（学生も含めた）一般人の「森の常識」を揺るがす情報が存在することを知らしめようという魂胆である。

そして伝えたかったのは、

- 情報は、多くの媒体から幅広く集める
- 正反対の情報・意見を知る
- 第三の意見はないか、と探す
- それぞれの情報の背景・エビデンスを考える

●森林を巡る（科学）情報は、常に変化すると覚悟するである。言い換えると「知ったつもりでいる情報・意見を疑え！」である。幅広く情報を集めて、常識を疑い「もし〜だったら」と反実仮想を脳内で行う心構えが必要。だから勉強しろよ、と最後に先輩面することも忘れなかった。

本書でも、同じことをしてみたくなった。先輩面ではなく反実仮想である。だから学生に投げかけた質問と同じような項目を本書にも入れてある。

なぜ、そんなことを思いついたかというと、世間の森林に対する目があまりにステロタイプだと感じるからだ。

森があれば洪水を防げ、渇水もなくなり、山は崩れない。森は二酸化炭素を吸収して気候変動を抑えてくれる。また森こそ生物多様性を支える存在であり、もっとも大切な自然である。それらを裏返すと、人の営みは常に環境破壊を引き起こす。さらにプラスチックは環境に悪い影響を与え、農薬や除草剤は生態系を狂わせる悪魔の化学物質。

森だけではないが、こうしたステロタイプな環境問題における常識は、本当の問題点を覆い隠す。昨今は国連の定めた温室効果ガスの削減目標やＳＤＧｓ（持続可能な開発目標）さえ推進すれば（実現すれば、ではない）、地球は安泰だと信じてしまう。

何も「森の常識」を全否定しようというのではない。だが深く考えずに信じてよいのか。何か見落としはないか。常識というバイアス（思い込み）は判断を誤らせないか。

森の世界に長く関わると、ときに「不都合な真実」に触れてしまうことがある。不都合と言うより、森は千差万別であり、融通《ゆうずう》無碍《むげ》であり、常にワンダーな感覚に満ちた存在であることに気づくと言った方がよいか。私自身は、その謎だらけで予想を覆す森に惹かれるのだが、世間は固定された森の姿を描きがちだ。そんな「森の常識」を元に環境問題の世論が形成され、政策がつくられているのを見ると、不安を超えた危険性を感じる。

本書では、私の見つけた森に関する異論・異説、意外な現実などを紹介したい。それらは一般に思われている森林とは違った姿だろう。学界で定説（だが、世間ではあまり知られない）の項目もあれば、新説として注目され始めたばかりで、まだ評価が出ていないものもある。とはいえ（地球は温暖化していないなど）陰謀論や政治的プロパガンダ、スピリチュアル系、オカルト系のトンデモ学説からは慎重に距離を置いたつもりだ。

テーマには、地球的課題である気候変動と生物多様性に関わる森の話題を意識して選んだ。そのほか外来種の侵入など身近な自然の変容、日本の森林の歴史的変遷、植物が人にもたらす被害としての花粉症、日本文化を支える森の産物、そして環境問題に対する政策や報道そのものも取り上げたい。

自然の変化を何でも環境破壊だと糾弾するつもりはない。反対もある。環境破壊と騒ぐ中には、まったく別の理由で起きたもの、あるいは自然界の正常な営みを人為のせいだと思い込むケースもある。また人が生きるための自然への働きかけを、どこまで否定できるのか迷う。ある程度の「人間の都合」は受容せざるを得ないだろう。

また「異説への異論」もあるはずだ。その異説を取り上げた私の浅学さもあれば、早合点もあるだろう。科学の新たな知見が過去の定説を否定する可能性だって残される。本書を読んで「こんなもの、異説でも異論でもない。すでに常識だ」という人もいれば、「信じられない。意図的にゆがめられた情報じゃないか」と思う人もいるだろう。ここであっさり異論を信じるのでも否定するのでもなく、さらに深掘りして、本当に正しいのはどちらかチェックしてくれたらよい。それも含めてのリテラシーだ。

ちなみに学生向けの講義では、概ね私の話した内容を驚いてくれたようである（多分）。この驚きの感覚（センス・オブ・ワンダー）と疑問こそ学問の出発点だ。もし私の提示した異論が、これまで信じていた「森の常識」に疑いを持ち、考察を深めるきっかけになっていれば、私も本当の意味で先輩面ができるのだが。

本書でも、より広く世間の人々が「森林環境を巡る情報リテラシー」を磨く一助になれば幸いである。

目次

II 間違いだらけの森と水と土 052

III 日本の森を巡る幻想 088

気候変動と森林に関する常識

虚構のカーボンニュートラル

二一世紀に入って、もっとも注目されている地球的課題は「気候変動」だ。以前は「地球温暖化」と称されたが、もっと幅広く従来と違う気候に変わるということから、近年は「気候変動」あるいは「気候危機」と言い換えられた。

気候変動の主因は、二酸化炭素やメタンガスなど温室効果ガスの増加である。人類は石炭・石油を燃やして莫大な二酸化炭素を排出したうえ、畜産でメタンガスを発生させた。それが気温や海水温を上げることで大気の循環を変えてしまい、気候を変えるのだ。

この問題への対処にもっとも寄与するのが森林である。植物は二酸化炭素を吸収し酸素を放出する。植物の集合体である森林は、二酸化炭素の吸収源となり温室効果ガスを減らす力がある。また木材などバイオマスの利用も、（二酸化炭素のうちの）炭素を個体として貯蔵する役割を果たすことから、カーボンニュートラル（炭素排出ゼロ）に結びつく。まさに気候変動対策の切り札なのである。

それなのに破壊が進み森林は減り続けている。木材資源を収奪するだけでなく、食料などの作物栽培のための農地開発、そして都市の建設や道路開設、あるいは鉱山開発などが森林を減らしてきた。また森林火災を頻発させた。いずれも人類の都合である。

気候変動による気温の上昇は、海面の上昇を招き、陸の低地を水没させる。とくに島《とう》嶼《しょ》国家の中には、国土が海面の上昇によって浸食に脅かされている国もある。

これらの危機から脱するためには、荒野に植林して森をつくり、また荒れた森林には間伐など手入れを施すことで、二酸化炭素の吸収能力を高めるべきである。

異論あり

森林は増えている！
森林は温室効果ガスを出す！
気候変動で陸地が増えた島国あり
木を植えるのは環境破壊！
……etc.

1 地球上の森林面積は減少している？

地球上の森林は減少する一方。人類が開発という言葉で常に森を破壊してきたからだ。私だって、そう思い込んできた。

ところが、正反対の研究結果が登場した。地球上で植物に覆われている土地面積を一九八二年と二〇一六年を比べたところ、大幅に拡大していたというのである。目からウロコだが、怪しげな研究報告ではない。「ネイチャー」の論文なのだ。世界でもっとも査読が厳しいとされる科学誌の一つであり、それだけ権威があるとともに信頼性は高い。二〇一八年八月に公表された「ネイチャー」論文は世間の思い込みを揺るがした。

この論文の中身を紹介する前に、一般的に森林の面積に関して指摘されている状況を紹介しておこう。

世界自然保護基金（WWF）は、二〇一五年以降に天然林の面積は、毎年約一〇万平方キロメートル失われていると指摘する。また〇四年から一七年までの間に、二四地域で四三〇〇万ヘクタール以上の森林（日本の一・二倍の面積）がなくなったとする報告書も出した。衛星画像など五つのデータソースから熱帯と亜熱帯に絞って調査したものだ。

そのほか国連環境計画（UNEP）や国連食糧農業機関（FAO）などが公表したいくつかの報告でも、地球上の森林は減少しているとレポートされている。

ここで森林面積の増減と重要な関わりを持つのが、森林を（二酸化炭素の）吸収源とする考え方だ。たいがいの植物は光合成を行って大気中の二酸化炭素を吸収し、木材などの形で炭素を固定する。だから森林を増やすことで二酸化炭素の吸収量を増やせたら、気候変動を緩和できるはず、それなのに地球上の森林が減少の一途だとしたら、由々しき事態ではないか！　というわけだ。

私は、この「森林が減少している」という指摘に関して、以前よりかすかな違和感を持っていた。森林破壊とは、樹木を一本も残さない伐採なのか、伐られたのは一部なのか。あるいは伐採後に再生する（させる）面積を折り込んでいるのか、統計の数字だけではわからない。

そこに「ネイチャー」の論文が登場したのである。

アメリカ・メリーランド大学のシャオ・ポン・ソン博士たちは、衛星画像情報を利用して地球上の植生による被覆《ひふく》の変化を裸地《らち》、低木植生被覆地、樹冠被覆地（高さ五メートル以上の植物）の三つに区分した。すると三五年間に樹冠被覆地、つまり森林が七％も増えていた。面積にして二二四万平方キロメートルにも達する。日本の国土が約三七万平方キロメートルであることと比べると六倍以上。どれほど広いか想像できるだろう。

しかしそんな大面積の森林は、どこに増えたのか。

論文によると、具体的には温帯や亜熱帯、亜寒帯……いわゆる中緯度で新たな森林が誕生していた。また山岳地帯では緯度を問わず森林が増加傾向にあり、アジアを中心に裸地も約一一六万平方キロメートル減少していたという。

では、なぜ森林および植物の被覆地が増えたのか。

まず前提として、植物の生長がよくなったと考えられる。なぜなら地球が温暖化したから。寒冷地が暖かくなって植物が生育できるようになった。そして二酸化炭素濃度の上昇も光合成を活発にして植物を生えやすくした。さらに言えば、化石燃料の燃焼で窒素酸化物（一酸化窒素、二酸化窒素など。これらも温室効果ガス）が放出されるが、これらが土壌に沈着すると硝酸塩となって土が肥沃化する。皮肉なことに、気候変動の原因である温室効果ガスの増加が、森林を増やす要因となっていたことになる。

だが、それだけで地球の緑が激増するわけではない。森林増加のもっとも大きな理由は、大規模な植林が推進されたからだろう。

すでに欧米や日本などの先進国では、人工林の造成が進んで森林面積を増加させてきたことが知られている。そこに近年は、中進国、発展途上国でも植林が進んだ。

そのうちの「人工林面積世界一」である中国の事例を少し詳しく見てみよう。

中国の国土面積は世界第四位だが、内陸部には砂漠や半砂漠地帯が広がっているから森林はさほど多くはなかった。歴史的に中国歴代王朝が膨大な森林資源を食いつぶしてきたことも関係しているだろう。現中国の成立時（一九五〇年前後）は、森林率が八・六％、国土の一割もなかったのである。その後も開発が強まり減り続けた。

ところが、経済成長期に入るとともに国家レベルで造林を進めて森林率を上げていった。一九八〇年代は一二％前後だったのが、九〇年代に一六・四％になった。そして二〇二〇年の発表では二三・〇四％である。恐るべき伸び率だ。現在の森林面積は約二八〇万平方キロメートル。日本列島がいくつ入るだろうか。ちなみにトップの福建省の森林率は六六・八％で、日本の森林率に匹敵する。二〇五〇年には森林率四二・四％となる四〇六万九〇〇〇平方キロメートルを目標として掲げている。

さらにインドでも植林熱は高く、中国に負けないほど人工林面積を増やしている。インドの森林率はかつて四・四％だったが、二〇一〇年には二三％を占めるようになった。森林面積は六八万四三〇〇平方キロメートルになった。さらにニュージーランドやチリなどでも大規模な造林地がつくられた。

このように地球上の森林面積は増えていると紹介すると、安心したという声も出るかもしれない。ただ「ネイチャー」論文にもあるように、それほど事態は安泰ではない。

まず森林の増減する地域には偏りがある。熱帯地方では広範囲にわたって森林破壊が進んで面積も減少しているのは間違いない。木材を得るための伐採もあるが、今も燃料としての木材採取が非常に多い。そして農地や放牧地への転換でも森林伐採は進んでいる。そうした開発に付随して森林火災が起きて焼失したケースも少なくない。

加えて、衛星データによる解析では、森林の質まではわからない。もしかしたらアブラヤシ農園かもしれない。そもそも植林した土地も、その前は森林だったケースが多い。伐採して裸地にした土地に植林して森林へもどしたことを「森林が増えた」というのも感覚的には妙だろう。

それに人工的に造成された森林は、樹種も含めて天然生の森林とは生態系が違う。多様性の少ない森である可能性が多い。量（面積）を増やしただけでなく、今後は森林の質を問う時代になってくるかもしれない。

ソン博士たちの研究では、植生が変化した理由は、面積にして約六〇％は人間活動が直接的に関わっており、約四〇％が気候変動のような間接的な要因と見ている。やはり人間が森林の運命に大きく関わっていることに間違いはない。

2 アマゾンは酸素を出す「地球の肺」？

森好きは、アマゾンに特別な思いを持つ。私も奥深く謎を秘めた森にどれだけ憧れただろう。だが二〇一九年、このアマゾンで森林火災が相次ぎ、記録的なペースで焼失しているとブラジル国立宇宙研究所が伝えた。森の燃える煙が大西洋上までたなびいている衛星画像を、私も目にしている。

前節で地球上の緑（森林）は増えているという研究を紹介したが、熱帯地域は引き続き深刻な状態なのだ。もしアマゾンの森林が広範囲に焼けたら単に草木が傷つくだけでなく、昆虫から野生鳥獣までの動植物や菌類、そして土壌の微生物まで幅広く生態系を揺るがす。また森に暮らす先住民の健康や生活にも深刻な影響を与えるだろう。

ただ報道内容には、ちょっと違和感を抱く言葉もあった。繰り返し述べられていた「アマゾンは地球の肺」である。そして「森林は我々が呼吸する酸素の供給源であり、二酸化炭素の吸収源」だという説明が行われていた。アマゾンから遠く離れた地域に住む我々にも重要なのだ、と深刻さを強調するために使われるのだろう。

しかし、これは科学的におかしい。なぜなら成熟した森林は、酸素を出さないし、二酸化炭素も吸収しないからだ。もう少し正確に言えば、森は二酸化炭素を吸収して酸素を放出する一方で、出した酸素を再び吸収して二酸化炭素を排出するから差し引きゼロになる。

この点を詳しく正確に解説しようとすると、複雑な数式が登場してしまうので私も頭を抱える。ただ、基本の理屈はわりと簡単だ。小学生でも理科の時間に習っている。

まず森林の大部分を占める植物は光合成を行う。これは葉緑体に光が当たり二酸化炭素を吸収して酸素を放出しつつ、有機物を合成する化学反応だ。

一方で、植物は呼吸もする。呼吸と聞けば、動物が行う生命活動のように感じるが、植物も生き物なのだから呼吸するのだ。具体的には、酸素を吸収して有機物を分解し水とエネルギーを生み出すと同時に二酸化炭素を出す作用だ。光合成と裏表の関係だと思ったらよいだろう。

では、光合成と呼吸の差し引きはどうか。植物を単体で見ると、光合成の方が二酸化炭素吸収と酸素放出の量が多い（その分、植物は生長する）とされている。ざっと呼吸で吐かれる二酸化炭素の二倍の量を光合成で吸収し、その分、酸素を出している計算になる。これなら大丈夫。やはり森林は、アマゾンに限らず「地球の肺」だ……。

ところが森林全体として見ると、そうはいかないのである。

森林には呼吸しかしない動物も棲んでいるから、ではない。たしかに森林に棲むサルやシカやネズミ、あるいは昆虫も呼吸して二酸化炭素を出すのは間違いないが、全体としては微々たるものだろう。もっと呼吸をする巨大な生命体が存在する。

それは菌類だ。いわゆるキノコやカビなど。菌類は光合成をしない。ただ森の中で主に落葉や枯れた植物などの有機物を分解し、二酸化炭素を排出する。

よく、枯れた植物や動物の遺骸もいつしか「土に還る」と表現されるが、それは菌類など微生物の力だ。とくに菌や細菌が遺骸を分解する。森林の土壌や樹木の表面に菌類はたくさん生息し、目に見えないほど細い菌糸を土壌や樹木中に伸ばしているのだ。そして呼吸で有機物を分解し、二酸化炭素を排出する。菌の排出する二酸化炭素量は、植物が光合成で吸収する分に匹敵する。つまり二酸化炭素と酸素の差し引きはプラスマイナスゼロということだ。

だから森林を全体で見ると、酸素も二酸化炭素も出さない・吸わない。

ここで言う森林は、面積を増やさず、樹木の量も一定の場合である。一本の木を見ると生長していても、別の場所では枯れる木もある。枯れなくても葉や枝を落とし、それが地面で朽ちている。酸素と二酸化炭素の出入りの量は均衡していると言えるだろう。そんな森に行って、「ああ、自分が呼吸している酸素は、この森が出しているんだ」と思っても……まあ、思うの

表１　地球全体の二酸化炭素の経年変化

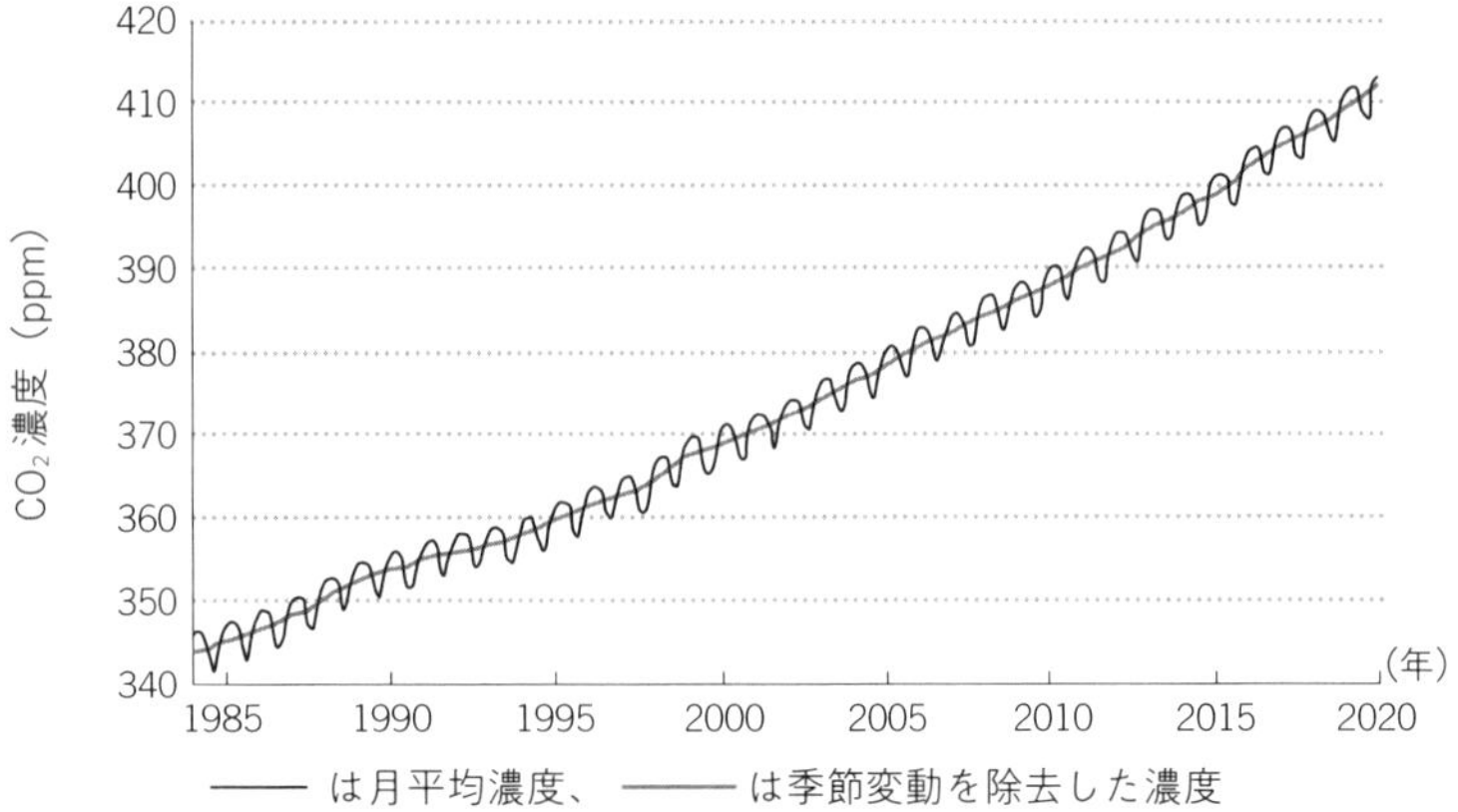

出典：WMO WDCGG(温室効果ガス世界資料センター）／ JMA（気象庁）, November 2020
https://ds.data.jma.go.jp/ghg/kanshi/ghgp/co2_trend.html

はかまわないのだが、科学的には正確ではない。

　これを逆に言えば、面積を増やす、あるいは草木の本数が増えたり木々が太くなってバイオマス（生物体の有機物）量を増加させた森、つまり生長している森は、二酸化炭素を吸収して酸素を出したことになる。

　そして、アマゾンは森林としては数万年以上前から成立しており、バイオマス量を上限まで蓄積している。しかも面積を増やすどころか減少（人間が破壊している）しているのだから、酸素を余らせて放出していないし、二酸化炭素も吸収していないと推測できる。その点からも「地球の肺」とは言い難い。

　この話、流行りの「カーボンニュートラル」という言葉でも使える。二酸化炭素の削減に関してよく使われるが、二酸化炭素（カーボン）の排出と吸収が均衡して、見かけ上はゼロになる状態を指す言葉だ。

木材は燃やしてもカーボンニュートラルと説明される。なぜなら、木材は燃えたら二酸化炭素を排出するものの、燃やした木材と同じ分だけ新たな木が生長すれば大気中の二酸化炭素を吸収する、したがってプラスマイナスゼロとなるという考え方だ。

これだけなら二酸化炭素の排出がゼロになっても削減にはならないのだが、木材を燃やして出るエネルギーを石炭・石油など化石燃料のエネルギーの代わりにする前提がある。化石燃料は、再び生成されることはない（何千万年もかければ別だが）から二酸化炭素を排出する。これを理論上はゼロである木材に代えるのだから、結果的に大気中の二酸化炭素を減らすことができるという理屈を編み出した。

その理屈はバイオマス発電などでよく使われている。木材を燃やすために森林を伐採しても、その跡地に再び森をつくれば、カーボンニュートラルである。だからバイオマス発電は二酸化炭素削減に貢献する環境に優しい発電方法だ……。

これって、こじつけではないか。それならアマゾンが燃えても何の心配もいらないことになる。伐っても燃やしても、森林は再生するから大丈夫。そう開き直られたらどう応えるのか。バイオマス発電を推進しておきながら、アマゾンの森林火災の心配をするのも妙な話である。

もう一つツッコミどころがある。森林（木材）を燃やすのは一瞬だが、元にもどるまで早くて数十年から数百年はかかる。プラスマイナスゼロになるまでのタイムラグが大きいのだ。この点を無視して、バイオマスエネルギーを礼賛するのもおかしいだろう。

二〇二一年に日本も、二酸化炭素排出量を三〇年までに一三年度比四六％削減を目標にすると宣言した。これまで二六％だったのだから驚異的な上方修正だ。そこで林野庁も、森林吸収量の目標を約三割引き上げて、森林による吸収分を二・七％（これまでは二％）にする。二酸化炭素吸収分を約一〇〇〇万トン上積みし、約三八〇〇万トンとする計画だ。

これらの数字は、いかにも辻褄合わせ感が強く漂うが、仮に目標を達成しても、本当に大気中の二酸化炭素が減ると言えるだろうか？

3 間伐した森は「吸収源」になる？

最初から不思議だと思っていた。「地球温暖化防止のために間伐をしよう」という政策が、である。

前章で安定した森林、つまり面積も蓄積も増えない森は、見かけ上、二酸化炭素も酸素も排出しないし吸収もしないと説明した。ところが国際的に結ばれた気候変動を止めるための条約には、「森林を整備したら、その森林は二酸化炭素を吸収したことにする」という項目が含まれている。これを最大限に活かしたのが日本政府だ。森林整備を気候変動対策として推進するようになったのである。そして森林整備とは「間伐すること」になった。私は、間伐が二酸化炭素削減になるという理屈が不思議で仕方なかった。

まず、この対策が世に広まるまでの流れを見てみよう。

地球環境問題、とくに気候変動が国際的に注目を集めるようになったきっかけは、一九九二年のブラジル・リオデジャネイロで開かれた地球サミット（環境と開発に関する国際連合会議）だ。これは地球環境問題を議題にした初の首脳レベルの国際会議である。

そして気候変動枠組条約が締結された。リオの会議でまとめられ九四年に発効するが、法的拘束力のないものだった。そこで九七年に京都で開かれた気候変動枠組条約第三回締結国会議（COP3）により、拘束力のある京都議定書が作成された。

これは画期的なものだと言えるだろう。具体的に削減目標を定めたのだから。その内容は、先進国などに対して二〇〇八〜一二年の間に六種類の温室効果ガスの排出量を、基準年（一九九〇年）比で一定数値削減するというものだ。内容には問題点も多々あるのだが、ようやく国際社会が公式に環境問題に目を向けた証左だ。

その際、経済に無理のないように削減数値を達成するため設けられたのが、森林吸収分という考え方だ。温室効果ガスの排出を抑制するだけでなく、すでに大気中にあるガス（主に二酸化炭素）を減らすという発想だが、その手段に森林の吸収能力を認めたのだ。

日本の削減率は六％と定められた。これは結構厳しい数字なのだが、三・八％を森林に頼ることが認められた。目標値の六割以上だ。日本は、なんとか実現可能だと二〇〇一年の「京都議定書」運用ルールに合意（COP7：マラケシュ合意）した。そこでは日本の森林吸収量の上限を一三〇〇万炭素トン（四七六七万CO_2トン）に決められた。

問題は、いかなる森林が吸収源として認められるかだ。単に森林があればよいのなら、カナダやロシアなど広大な森林を持つ大陸国家が圧倒的に有利だ。何もしなくてもよくなる。そこで定められたのは、「新規植林（裸地に植林）」「再造林（伐採跡地などに植林）」、そして「経営が行われている森林」の三つの条件に合致する森林である。

日本の場合、新たに森林を造成できる土地（新規植林の対象地）は非常に少ない。伐採跡地も再造林させるルールはある（本当に実行されたかどうかは怪しい）。国土の七割がすでに木々に覆われているのだから、面積を増やすのは無理なのだ。そこで「経営が行われている」森林による吸収量を増やそうと考えた。

しかし「経営が行われている」とは具体的に何を指すのか。

その定義は、各国がそれぞれ決める。そこで日本政府は「一九九〇年以降に森林を適切な状態に保つために人為的な活動（林齢に応じた森林の整備や保全など）を行ったこと」を森林経営が正常に行われていると定義づけた。ここまではいい。しかし、さらに「森林の整備」とは何かと突っ込みたい。これを「間伐作業」とした。間伐を施した森は経営している森とこじつけたのだ。

これが食わせ者だ。間伐とは、極めて林業的な作業である。密生している木々を抜き伐りして空間を空けると、残した木の生長がよくなる。また伐った木も木材として使える。それは木材生産の技術なのだ。もちろん、間伐後は日射が地面まで差し込むようになり、そこに草が生

間伐後のスギ林。切り捨てられた木は腐りCO_2を出す

えたら土壌流出を止めるなど防災的な効果もある。しかし、どこをどう考えたら、間伐が気候変動防止につながるのか。

日本の人工林は間伐遅れで密生しているところが多いのは事実だが、間伐すると森林の二酸化炭素吸収が増えるという根拠が理解不能である。シンプルに考えてほしい。間伐すれば森に生えている木々の数が減る。光合成を行う枝葉を減らすのだから、むしろ吸収量は減少すると考えるのが普通ではないのか。

残された木々が、間伐で開いた空間に枝葉を伸ばしたとしても、その生長量は伐られた木の吸収分を補うだけだ。最大限に育っても、元の吸収量と同じになるだけだろう。育つまでの間はマイナスである。また切り捨てた間伐材が腐れば、二酸化炭素を排出する。そんな森が「吸収源」になるわけがない。

密生した森では木々が十分に育たない状態だったが、間伐で木を健康にすれば光合成が活発になる（二酸化炭素をよく吸収する）だろう……という期待があるのかもしれない。しかし、それは残された木だ。伐られた木は吸収しなくなったのである。

いずれにしろ、一定面積で行える光合成量は決まっている。生成される有機物量も上限がある。間伐で二酸化炭素吸収量が増えるとは思えないのである。

察するに、裏の事情が透けて見える。日本の人工林は間伐遅れが多く、いい木が育っていない。だから間伐を進めたい。しかし山主は補助金が出ないと行わない。すでに間伐補助金は出しているが、これ以上増やす名目がない。そこで「森林の二酸化炭素吸収に役立ち、気候変動防止につながる」と唱えて、間伐補助金を出すようにした。実際、地球環境のためだからと国会も国民も納得して、莫大な税金を投入し始めた。

伐った間伐材を建物などの材料に使えば、炭素を貯蔵できる……という理屈も唱えている。木材は炭素でできていて、（建物などは）長期間使われるから炭素を二酸化炭素として排出するのは先になるからだ。幸い近年の間伐材は、初期の細いものではなく、太くて木材として利用可能なものが増えた。しかし、木を伐って森から搬出するまでには、どれほどの化石燃料を消費するのか。また建材に向かない場合は、バイオマス発電の燃料になりがちだから、長期間保存どころか燃やしてすぐ二酸化炭素を大気中に放出している。

燃やしても再び森林をつくれば、生長する樹木が二酸化炭素を吸収してくれる……というのも常套句だが、その理屈の問題点は前節で指摘した。元の森にもどすまで何年かかると思っているのか。伐って燃やすのは一瞬だが、木の苗を植えて、再び元の木の大きさになるまでには五〇年六〇年は必要だ。その間は二酸化炭素超過である。もし健全な森林生態系が育まれるまで、と考えたら数百年かかるだろう。

この「森林を整備したら気候変動を抑えるのに効果がある」という論理は、まったく科学的ではないものの、国際的に認められた条約に組み込まれた理屈である。各国の交渉担当者がみんな騙されたのか。いやわかったうえで、政治的思惑から妥協した産物だったのか。

地球環境のためという補助金名目に、誰も反対しなかったというのだから、国会議員の科学的知識と真っ当な思考能力のなさを見事に示している。

4 森林を増やせば気候変動は防げる?

安定した（面積が変わらない）森林は、酸素も二酸化炭素も出さない・吸わないと説明してきた。そして間伐しても二酸化炭素の吸収量は増やせない、と。

では、森林面積自体を増やせばいいのか。広くなった森林は、木々などバイオマス（生物体の有機物）量が増えるのだから二酸化炭素を吸収するはず……。だが、何度もちゃぶ台返しをするようだが、この議論の根本を覆すような研究が報告されている。

アメリカの北アリゾナ大学キャサリン・ダフィ博士の率いる研究チームが科学誌「サイエンス・アドバンシズ」二〇二一年一月号で公表した論文には、温暖化が進むと植物の二酸化炭素を吸収する能力が大きく落ちる、そうなると森林が二酸化炭素の発生源になりかねないと記されている。

もし「吸収源」が「発生源」に変わってしまえば重大事である。

具体的には光合成の能力が低下するからだという。熱帯雨林や亜寒帯林などの二酸化炭素吸収能力が、二〇五〇年までに四五％以上低下する恐れがあると指摘。現在予測されている温暖化の進行だと、二一世紀末には地球上の植物の約半分が、二酸化炭素を吸収するどころか逆に排出するようになるという。そして「気温が臨界点に達するのは今後二〇〜三〇年以内」と警告している。

詳しい研究の手法とデータの解析は難解なのだが、私が理解できた程度に紹介しておきたい。もっとも理屈そのものは単純だ。

森林の大部分を占める植物は光合成を行う。葉っぱなどに含まれる葉緑体で行う光合成の反応で、二酸化炭素と水などから有機物を作り出し、酸素を排出する。

一方で植物は呼吸も行う。酸素を吸収して水と二酸化炭素を排出する反応によってエネルギーを生み出す。

ここまでは、すでに解説してきたとおりだが、問題となるのは光合成の能力だ。気温がある程度高いと光合成反応は活発になるが、一定以上になると低下する。高温すぎると葉緑体の中で反応が進まなくなるのだ。実際、真夏のもっとも気温が高まる昼下がりの時間には、多くの植物が光合成を止めることが知られている。

ところが呼吸量は、動物も植物も高温になると増加する。生命活動には、一定のエネルギー消費が必要で、そのための呼吸は止めることができないからだ。人間の場合でも、気温が上がれば呼吸量が増えるのは想像できるだろう。

気温が高まると光合成の能力が落ちる一方で、呼吸量は増す。それは森林が二酸化炭素を出すことを意味する。植物の光合成能力が落ちる気温まで上昇するのは、今のままだと二〇四〇年〜五〇年だというから、あまり時間は残っていない。

もう一つ心配な点がある。今回の研究とは別に、気温の上昇で土壌中の有機物の分解が早まるという指摘がある。それも森を（二酸化炭素の）「発生源」にしかねない。

森林は吸収した二酸化炭素を、炭素を含む有機物の形にして貯蔵している。それは樹木など地上に生えた植物体だけではない。土壌内にも、腐葉土などの形で炭素を含む有機物が多量に蓄積している。まず落葉として。次に腐葉土として。さらに進むと土壌内の有機物となり、時に泥炭《でいたん》になって数十メートルもの厚さにもなる。

熱帯雨林では、土壌内にだいたい地上の植物体と同じくらいの有機物（炭素）を蓄える。一方で温帯・亜寒帯の森林では、植物体の炭素量は熱帯雨林の約半分程度。だが土壌には四倍くらいある。つまり温帯林の方が熱帯雨林の二倍ほど炭素を溜めていることになる。冷涼な気候帯では、落枝や落葉などが分解されるのに長い年月がかかるため、有機物が蓄積されやすい。逆に熱帯雨林ではすぐ分解されるので土壌層の有機物は少ない。

さらに温暖化が進めば、菌類など微生物の活動が活発になる。すると土壌内の有機物の分解速度が早まる。そして二酸化炭素の排出が増える。これまでの均衡が破れるのだ。

温帯林、亜寒帯林の土壌層に含まれる有機物の炭素量は膨大だ。温帯・寒帯の森林で熱帯雨林なみに土壌の有機物が分解されるようになると、莫大な炭素が大気中に放出されるだろう。森林の収支はプラスになり、二酸化炭素の発生源となる。

なお先に森林火災を取り上げたが、燃えるのは必ずしも地上の樹木だけではない。シベリアやアラスカ、あるいはインドネシア（スマトラ島、ボルネオ島など）などでは地中の泥炭が燃える火災も発生している。極めて消えにくく、雨期などで表面が鎮火しても、地中でくすぶり続け、乾期になるとまた燃え上がる。何年も燃え続けるのだ。

さらに、まったく別の視点から森林が気候変動を促進するかもしれないという研究が出ている。こちらの〝主役〟は二酸化炭素ではなく、メタンガスだ。メタンは二酸化炭素の二八～八四倍も熱を溜める温室効果ガスの一つだ。

科学誌「フロンティアーズ・イン・フォレスツ・アンド・グローバル・チェンジ」二〇二一年三月号に「アマゾンの熱帯雨林は地球の温暖化を助長している可能性が高い」という論文が発表された。

アマゾンでは洪水が頻発するほかダムの建設などで、森林が水没する機会は多い。雨期には

樹木から発生するメタンガスを計測中

水位が毎年何メートルも上昇し、多くの森林が水没する。最近は年間降水量も増加しており、水没する範囲も広がっているそうである。
水浸しになった流域の草木や土壌内の有機物は腐りやすくなり分解が進む。水中で分解されると、二酸化炭素よりもメタンガスが発生しやすい。全世界で発生するメタンの約三・五%は、アマゾンの樹木から自然に発生しているという研究もある。
地球が温暖化すれば海面水位も上がり、河川流域でも水没する地域を増やすだろう。つまりアマゾンだけでなく世界中でメタンガスの発生が増えるかもしれないのだ。
ちなみに樹木自体もメタンガスを発生している。樹木についた微生物や、紫外線を浴びたときの光化学反応によってメタンが生成されるからだ。これまで生成されたメタンは、別の微生物によって分解されるとされていたが、近年の研究で発生分は分解される量よりも多くて、大気中に放出している可能性が指摘され始めた。私も京都の芦生《あしう》の森で、樹木から発生するメタンの計測現場を見たことがある。

大気中のメタン濃度は、一七五〇年以来、七〇〇ｐｐｂから一八〇〇ｐｐｂへと上昇しているが、もしそれが森林の出すメタンの影響もあるとしたら、由々しき事態だ。

二〇二一年にはメタンガスの排出削減目標が定められ、世界三〇カ国以上が参加することになった。日本も三〇年度までに一一％削減（二〇一三年度比）の目標を掲げている。

二酸化炭素吸収源として期待される森林が、想定とは逆に作用するようになったら、どうなるのか。科学者は、気候変動が後もどりできない気温上昇の限界点（ティッピング・ポイント）を今より一・五度としているが、より限界点が下がるかもしれない。安易に「森林は吸収源」とか「地球の肺」などと言えなくなるだろう。

5 老木は生長しないから伐るべき?

老人になったら身長は伸びない。体力も落ちる。この事実は私自身が身に染みている……。ただ、同じことを樹木に対して言うのはどうか。「戦後植えた木が成熟した」とよく説明される。成熟とは、老いたと同義で生長しないという意味だろう。だから「伐って使わなくてはならない」と主張される。老木は二酸化炭素を吸収しないから伐って建築物や家具などに使えば、その木材はすぐに燃やしたり腐らせたりしないから何十年もそのままの形でとどまる。それは炭素を固定した(大気中の二酸化炭素を減らした)ことになる、というのだ。なんだか老人をミイラにして保管しているようなイメージだが……。

聞き飽きた。老木は伐れというのもちょっとムカッとする。だいたい成熟したとする樹齢は六〇年。長くても八〇年なのだ。この樹齢で「成熟」したと言えるのか？

また「伐期が来た」という言い方もする。「伐期」とは、木の苗を植える際に人の都合で設定した伐る（収穫する）時期のことである。それなのに現在の状況を無視して「伐らねばならない」というのはおかしくはないか。もともと伐期を四〇年に設定することが多かったが、それは木材不足の時代だったから。その後二〇年延長して六〇年になっているケースが多い。

戦後植えた人工林は、林齢五〇年を超え六〇年に迫っている。そこで「伐期が来た」と言い出した。しかし、これは生物学的な樹木の生理を無視している。

それでも、林業として「伐期」が上手く機能しているのなら文句は言わない。しかし木材価格は下がっており、伐ってもほとんど利益が出ない。再造林も必要となるから、民間の林業家は伐りたがらない。それなのに、林野庁は伐りたがる。

林野庁が持ち出した理由は「樹木は若い頃の生長が旺盛で、老年期に入ると生長量が落ちてくる。だから老木は伐って森を若返らせる。その方が二酸化炭素の吸収量は増える」というものだ。林業の枠を飛び越えて、地球環境のためと目的をすり替えている。先に間伐は森林整備で、それが森林を吸収源にカウントできるというヘンテコな理屈を紹介したが、今度は山の木を全部伐っても吸収源というわけだ。

この考え方は本当に正しいのか。また植えて五〇〜六〇年の木は、果たして「成熟」しているのか。生長速度が落ち、二酸化炭素の吸収力も減るのだろうか。

この考え方を根本的にひっくり返す研究がある。

科学誌「ネイチャー」二〇一四年一月号に、樹齢の高い樹木の方が、若い樹木よりも大気中の二酸化炭素を多く吸収しているという研究結果が発表された。

研究チームは、六大陸にまたがる四〇三種の樹木六七万三〇四六本のデータを分析し、樹齢の高い大木（樹齢八〇年）の方が生長が早く、より多くの二酸化炭素を吸収していることを確認した。

つい我々は、動物と同じように樹木も「老いたら成長しない」と思い込みがちだ。大木、つまり長く生きてきた老木は、生長が遅くなっている、さらに止まってしまうと考えていた。実際、若木はすくすくと樹高が伸び、幹回りも早く太るが、大木になると何年経っても変化しないように見える。

しかし大木ゆえ、仮に幹が一ミリ太るだけでも体積の増加は大きい。背丈ではなく、枝葉を横に広く長く伸ばすこともあるだろうし、見えない根系も生長しているかもしれない。

健康で樹齢の高い木＝大木ほど枝葉を多くつけているはずだから、光合成による生産量は多い。光合成で生産された有機物は樹木の身体に蓄えられる。葉が落ちても土壌に有機物として残留する。だから大木ほど炭素固定量も多いのではないか。

ちなみにこの論文では、一本の樹木だけでなく、森林全体でも古い（大木の多い）森の方が若木ばかりの森より生長量が大きいことも確認している。つまり老木混じりの森の方が木材生産的に有利であり、当然ながら二酸化炭素吸収量も多いわけだ。同様の研究は日本でも行われていて、天然林、人工林とも老木の生長力は侮れないことが示されている。

老木を伐って小さな苗木に植え替えたら、二酸化炭素の吸収量が減るだけではない。森林の役割はもっと多様だ。生物多様性や水源涵養機能などさまざまな面がある。

それらの機能について調べた藤森隆郎《たかお》博士（元森林総合研究所森林環境部長）は、森林の構造の発達段階に応じた機能変化を調べた。すると生物多様性や水源涵養機能、表土有機物量……といった指標も樹齢が高いほど機能を増していた（『林業がつくる日本の森林』より）。

改めて考えると、五〇〜六〇年程度は樹木にとって成熟とはとても言えない。「ネイチャー」論文では八〇年生を老木としたが、これは計測できる（あるいは樹齢がはっきり確認できる）木を世界中で選んだからだろう。実際は多くの樹種が何百年と生きる。とくに林業の対象となる針葉樹は長生きするものが多い。

たとえばスギは、長寿の樹木だ。屋久杉のように数千年生きるような事例は置いておくとしても、通常でも二〇〇年以上生きることが確実だ。人が植えた四〇〇年を超えるスギは、今も樹勢旺盛だ。そして太り続けている。だから樹齢五〇年六〇年など、青年期なのである。

それなのに「伐期が来た」と伐る行為は、森林の機能を十分に発揮させない青田刈りも同然だ。二〇歳前後の若者を戦争に駆り出すような状況を想像してしまう。

今の政策は、森林の機能を小さく抑え込もうとしているのに等しい。

6 温暖化によって島国は水没する？

島が沈む、と聞くと『日本沈没』のような地殻変動を想像するが、気候変動でも陸地が沈むと心配されている。具体的には地球の平均気温が高まることで「海面が上昇して、海岸が削られる、小さな島国は沈没する」危機が指摘されるのだ。

海面の上昇と言えば、まず温度上昇で南極やグリーンランドなどの陸氷が溶けて海の水を増やすことをイメージする。だが、それ以上に重要なのは、海水が膨張することだ。水は、温度が上がると体積を増やす性質がある。気温とともに水温も上がると、水の量が増えたのと同じ効果となり、海面を押し上げるのだ。

実際に大洋（太平洋、大西洋、インド洋）の島国の多くで、海面上昇を感じさせる現象が頻発している。

実例としてよく挙げられるのは、砂浜が痩せ細り、海岸に生えていたヤシの木が波によって倒れたとか、住居のすぐ側まで波が打ちつけるようになった……といったものだ。住民が波打ち際に立って足を海水に浸しながら「以前はここまで陸地だったんだ！」と訴えるシーンが、よくテレビで放映された。

さらに島民の生活に直接的な影響を与える事例も多い。たとえば生活用水として使っている井戸水が海水混じりになってきた。大潮のときに、内陸部で海水が噴き出した。沖合いの小島が消えたという事件もよく引き合いに出されている。

海面上昇問題で有名になったのは、南太平洋の島嶼国家ツバルだろう。国土のほとんどが海抜一～二メートルしかない珊瑚礁の島々だから、海面上昇で国全体が水没の危機にあるとされている。このまま海面上昇が続いたら、国土そのものがなくなり、国民は行き場を失いかねないのだ。

そこで二〇〇二年にツバルは、大国や大企業は地球温暖化ガス排出量の抑制や削減に不熱心で、ツバルを沈没の危機にさらしている、と大国を提訴する考えを表明したこともある（実際には提訴は困難と判断して中止した）。一方でオーストラリアとニュージーランドに環境難民の受け入れを要請した（こちらも拒否されて、ニュージーランドに労働移民として少人数受け入れられただけ）。

ツバルはどうなるのか……。先のテレビ映像を見ていた人は、そんな心配をするだろう。だが、しばらくして意外な事実を突きつけられる。ツバルの面積を調べたところ、逆に増えていたのだ。温暖化が国土を増やした？

二〇一八年二月の英科学誌「ネイチャー・コミュニケーションズ」に発表された研究論文によると、この四〇年ぐらいの間に国土面積が拡大していたのである。これは、ニュージーランドのオークランド大学の研究チームが航空写真や衛星写真を使用し、ツバルの九つの環礁と一〇一の岩礁について長期間の地形の変化を分析した結果である。

一九七一年から二〇一四年までの分析によると、少なくとも八つの環礁と、約四分の三の岩礁で面積が広くなっており、同国の総面積は七三・五ヘクタールも拡大していたという。ツバルの面積は約二六平方キロメートルしかないから、国土の二・九％の増加に当たる。さらに首都のあるフナフティ環礁（三三の島がある）では、一一五年前から三二ヘクタールも拡大していたことがわかった。

この一〇〇年間で起きた海面上昇は平均約一七センチとされている。それなのに、なぜツバルの面積は増えたのか。まさか島が隆起した？

違う。増えた理由は、波によって運ばれた砂が堆積して浜が広がったためだと解析された。もともとツバルの国土は、サンゴ礁の上に砂（これも珊瑚礁が砕けたものや有孔虫の殻が多い）が積もってできている。そこにより多くの砂が吹き寄せられ、またサンゴ礁が成長すれば、国土は広がるわけである。海流の強さや流れの変化で、吹き寄せられる砂の量は毎年変わる。ツバルでは増える方に作用したのだろう。

波によって砂浜が広がり面積を増やす場所がある一方で、砂が流されて海岸浸食が起きている地点もある。もちろん海面上昇による浸食分もあるだろう。ただ、その両者の差し引きがプラスになったのだ。しかし、地下水の塩水化や洪水など、面積だけではないさまざまな〝国土水没〟現象も起きているではないか？

それも、複数の調査結果が出ている。まず浸食されたという海岸の多くは、第二次世界大戦時に米軍が埋め立てた土地だった。しかも各地の島から飛行場を建設するために砂利を採取したため、穴だらけになった島では海水が染み出すようになった。

さらに浸水がひどい場所は、もともと人の住めない湿地に無理やり家を建てた土地だった。内陸部の海水の浸水現象も、約一〇〇年前から観察されていた。

一方で、サンゴの衰退も見られる。これは海水温度の上昇や海面上昇により深くなったからではなく、生活排水やゴミ投棄などによってサンゴが痛めつけられたからだった。ツバルの砂浜を形成する有孔虫などの生物が死んで、砂が生まれなくなっていた。

これらの環境悪化をもたらした一因は、人口増加にある。たとえば首都の人口は、独立前（一九七三年）は八七一人だったが、独立した五年後の七九年には二六二〇人に急増している。これが湿地や低地に住居や行政施設を建てたり、真水の過剰利用（井戸からの地下水汲み上げ増加）と下水の垂れ流しを引き起こした。この人口増加と環境汚染という「ローカルな要因」が〝国土水没〟を導いていたのだ。

ちなみに、「住民が波打ち際に立って浸水を訴えるシーン」を演出した人を私は知っている。こうしたらテレビ映りがいいよ、と助言したそうである。

実は同じような事態は、世界各地で指摘されている。バングラデシュなどで洪水や高潮被害が相次いだ際も海面上昇が指摘されたが、実際は難民・貧民がこれまで人が住まなかった低地に住んだから起きたのだった。海面上昇とは直接関係のないことが引き起こした災害を、安易に地球温暖化と結びつける例は少なくない。

ただし、気候変動による海面上昇を嘘だと言うつもりはない。たしかに地球全体の平均気温と海水温度は上がっており、海面上昇も起きている。だから由々しき事態が進行しているのは間違いない。海水温度が今以上に上昇したら、サンゴ虫が逃げ出して珊瑚礁の白化現象が起きるかもしれない。すると珊瑚礁はもろくなり波で崩れるだろう。それが島の面積を削り水没を加速する可能性もある。だからツバルの危機は去っていない。

ただ、ローカルな要因によって起きた（海岸減退などの）現実も、予測される地球規模の変動に対して脆弱性を高めているのも間違いないだろう。より海面上昇が進んだ場合には、今以上に浸水や海岸浸食などの影響は悪化するに違いない。

オークランド大学の研究チームは、気候変動が依然として海抜の低い島国にとって大きな脅威であることに変わりはないと指摘する一方、こうした問題への対処の仕方を再考すべきだと論じている。まずはローカルな課題を解決する必要があるだろう。

7 砂漠に木を植えて森をつくろう？

植林は人気だ。何か環境によいことをしたいと考える人や組織が、まず思いつくのは緑を増やすこと。そこで木を植えようと考える。地球環境を好転させようという発想の中で、木を植える、森をつくるというのは絶対的正義なのだ。

企業のＣＳＲ（社会貢献事業）などでも〝やりたがる〟のは植林である。担当社員は、社員が参加できるＣＳＲはないかと頭を絞って植林を思いつく。社員が山で汗かいて木を植えたら社会に貢献した気になる、というわけだ。間伐なども森を育てる作業ですよ、と逆提案しても好まれない。木を伐るより、植えたいのだ。

伐採跡地に植林を。森林火災から回復させるために植林を。砂漠を緑の大地に変えるため植林を。わざわざ金を払って参加する植林ツアーもある。

たしかに木の生えていない荒涼とした景色を目にすると、そこに木を植えたくなる。自然に生えるのを待つより、人が苗を植えたらより早く森になるだろう。緑が増えたら地球温暖化を防ぐ。「緑のダム」となって防災にもなる。さらに都会の緑化ならヒートアイランド現象を抑えられる。なにより人の目に優しい。満足感も高い……。

まさに植林は、自然回復のシンボリックな行為なのだ。

だが、この植林という行為。よくよく気をつけるべきだ。人為的に木を植えることは、自然界の営みとは違う。苗の樹種は、苗の調達方法は、そして植え方や植えてからの世話は、どうしているのか。


この問題のわかりやすい例として、砂漠への植林を取り上げよう。

木が一本も生えていない砂漠に植林して、緑の大地に変えるというのは魅力的な行為だ。「砂漠を緑に」のキャッチフレーズも広まっている。木が育てば厳しい日射を遮る木陰もできるだろうし、砂塵が舞うのも抑えることができる。その木が果樹なら農業になるし、大きく育てば木材として使える。燃料にもなる。

だが、その前に少し考えてほしい。なぜ砂漠には木が生えないのか。

それは植物の生育に欠かせない水が足りないからだ。乾燥しているから草木は育たず、裸地となり、砂が舞うようになった、はずだ。そこに植林しても木は育つだろうか。

苗を育てるために水を撒くとして、その水はどこから持ってくるのか。

たいてい地下水を汲み上げる。砂漠と言っても、その地下には水が眠っていることが多い。井戸を数百メートル、いや数千メートルも掘る場合があるが、地下には何千年何万年も前に降った雨水が溜まっているのだ。だから化石水という。補給はほぼないから、汲み上げ続けると枯渇する。

木が生長すると、より多くの水が必要となる。緑を保てるのは、水をやり続ける間だけである。木が生長したら根を深くまで伸ばして自分で水を吸い上げるだろうか。しかし、地下何百メートルも根を伸ばせない。伸ばした先に水があるかもわからない。

問題は、水の多寡だけではない。地下水には塩化ナトリウムのほか硫酸ナトリウム、硫酸カルシウム、硫酸マグネシウムなどが含まれていることが多い。岩盤から溶け出した塩《えん》類だ。それを地表まで汲み上げて散水したら、水の蒸発後に塩類は地表に溜まる。すると植物の生長が鈍化、もしくは枯れる。深刻化した場合、地表面を白い塩類の結晶が覆う。そうなると、まず植物は育たない。砂漠はより不毛の大地になってしまう。

現在、世界の乾燥・半乾燥地の灌漑農地では、約四分の一で塩類が地表に集積して作物の生長を抑制し収量低下が起きている。降雨量が多ければ塩類を洗い流せるのだが、乾燥した地域では不可能だ。また平坦で水が流れない問題もある。一度、表土に塩類が集積すると、その土地を回復させるのは非常に難しい。

なお「砂漠に植林」と言いつつも、実は砂漠ではない地域もある。一見砂漠のように一草も生えていない環境だったとしても、以前は草や中低木が生えていた半乾燥地だった場合だ。家畜を過放牧することによって緑が失われてしまったケースや、無理に草原を農地に変えようと開墾して、何も生えなくなったケースもある。

そんな土地では、今も多少の降水はある。だから半乾燥地の環境に適した草木を植えるのなら生育できるだろう。しかし植林ツアーの中には、そうした在来種ではなく、外来種を植えるケースが多い。もし多くの水を必要とする樹木を植えたら、半砂漠が本物の砂漠になりかねない。

現在、砂漠で行われる植林では、ポプラなどの樹種が選ばれることが多い。生長が早いから森も早くできるというが、早く生長する木はより多くの水を必要とする。しかも植樹時には雑草を除去する。これは乾燥地に適した在来の植生を破壊していることになる。

あるいは果樹や農作物を栽培する場合もある。どうせ植えるなら人に有益な、収入を得られる種にしようというわけだ。こうした植物は手入れが欠かせず、定期的に収穫を得ることで土地の栄養と水分を持ち出すことになる。

砂漠など乾燥地の植林だけではない。たとえば熱帯雨林の伐採跡地では、アカシアやユーカリなど早生樹種がよく植えられる。しかし、それらの木々は本来その土地に生えていた樹種ではないだろう。しかも一種類を整然と一斉に植えるのだから、元の熱帯雨林とはまったく違う森になる。アカシアやユーカリは、後々製紙用のチップとして収穫するか、木材としても利用することが前提の植林だ。つまり産業植林であり、伐採した元の森を復元するわけではない。以前のような多様な木々や草が育ち、昆虫や野生動物が生息する森と同じようにはならない。それどころか南アフリカでは、植えたアカシアが大繁殖して在来の森林まで浸食してアカシア一色になってしまった例もある。

イギリスのカンブリア州では、山火事の跡地に単一樹種の植林を大規模に行ったため、猛烈な批判にさらされて計画がストップした。また外来樹種ばかりを植えたため、それまで生息していたアカショウビンなどの稀少な鳥類が姿を消したケースもある。

スリランカでは、マングローブ（海辺際の汽水域に育つ木々）の復活を意図して行われたプロジェクトで、事業対象の約四割で植えた樹木が全滅していた。全体では約一〇〇〇ヘクタールのうち健全なマングローブが復活したのは、二割に過ぎなかったという。

ただし、人工林を否定するわけではない。人工林は、人が制御して作り上げる森だ。つまり管理者の考え方次第で姿は決まる。先に紹介したように、一種類か、せいぜい二、三種類の樹木の苗を植えるとしても、その後の扱い方で森の姿は大きく変わる。

もし周辺に天然林が残されていたら、そこから種子が風で飛んできたり、鳥やネズミなどの小動物によって運ばれたりする可能性がある。それらの〝雑草〟〝雑木〟を刈り取ってしまうのか、残して多様な木々が育つ森に仕立てるのか。後者なら、天然林とは同じではないが、似た生態構造を持たせることができるだろう。最近は、そうした生態系を重視して天然林によく似た森をつくる動きが進んでいる。

三重県の速水林業で人工林（植えたのはヒノキ）と隣接した天然林に生える植物の数を調査したところ、人工林は二四三種、天然林は一八五種だった。人工林の方が生物多様性が高かったのだ。人工林には、十分な間伐を施してあった。すると光が地表まで差し込み、多くの広葉樹や草などが育ったのである。逆に天然林は広葉樹の大木が枝葉を広げたため、林内が暗くて樹下に草木が育たない状況だった。

植える樹種と、その後の育林方針によって森の姿は変わる。その姿によっては、元の植生を破壊してしまう場合もあるだろう。環境をよくする、気候変動を抑える……そういう目的のために植林を推進するのなら、改めてその土地の特性と、めざすべき方向性や目的を考えて慎重に決めるべきなのだ。

II 間違いだらけの森と水と土

「緑のダム」に関する常識

森林は、地上の動植物だけではなく、土壌や雨や雪など水とも深く関わっている。

森林の地表には落葉が溜まって、それらが土壌内の微生物によって分解されて腐葉土となる。こうしてできた森林土壌は、空隙《くうげき》が多くてフカフカのためスポンジのように水を吸収して溜め込む力がある。このような森林の機能は、よく「緑のダム」と呼ばれる。

「緑のダム」があると、大雨が降り続いても土壌に水を溜めるから、すぐに川に水が流れ込まず洪水になりにくい。一方で、土壌に溜まった水は少しずつ地下水として流れるので、雨が長期間降らなくても川の水は減らずに流量を維持し続ける。このように治水と利水の両面から、森林は水に大きな役割を果たす。だから水源地に広がる森林は、コンクリート製のダム以上に洪水の発生を抑える効果があるのだ。

　また数千メートル上空から落ちてくる雨滴は、裸地に直接激突すると、地表をえぐって土壌を破壊する。そして地表を流れる水に土壌は削られて流れてしまう。だが森林があると、樹木の枝葉が大きく広がっているので、雨滴が直接地面に当たることを防ぐ。だから樹木に覆われた山は、土壌の流出が少ない。

　さらに樹木の根は、複雑に絡み合って伸びて土壌をしっかりつかむ。その力で土壌の流出を止め、山崩れを防ぐ大きな力となっている。だから植林を進めることで厚い土壌を作り出し、「緑のダム」機能を強化することで水害を抑えられる。ちなみに針葉樹の根は浅くしか伸びないので、より深く伸びる広葉樹の根の方が機能が高い。また広葉樹の方が落葉も多いから土壌をつくりやすい。だから広葉樹を増やすべきだろう。

異論あり

森があると水は涸《か》れる！
森の下の表土は失われる
森が山崩れを誘発する！
土からパンデミックが起きる
……etc.

1 「緑のダム」があると渇水しない？

気候変動の激化を防ぐ手段として、世間の期待は森林へと向かう。期待するのは、二酸化炭素の吸収源と並んで洪水や山崩れ、あるいは渇水などに対する防災機能だ。

森林と水、さらに土との関係について考えるのは、正直なところ苦手だ。複雑で、難しい。あまりに多くの条件があり、複雑怪奇。判断に悩む。難しい数式が登場し、論文に目を通しているとクラクラする。

とはいえ、無視できない。そこで恐る恐る手を出してみる。

もっともなじみ深いのは「緑のダム」論だろう。「森林は地球の肺」論と双璧を成す。

山が森に覆われていると水を蓄える、あるいは洪水を防ぐ、さらには山崩れを防ぐ……といった効用をひっくるめて「緑のダム」と呼ぶ。山に木を植えると、コンクリートのダムと同じ効果が得られると主張する人もいる。それは「緑のダム信仰」とさえ言えるほどだ。そしてコンクリートのダム建設を否定する材料とされる。

本当に森はダムの役割を果たすのか、多くの論争が行われ、また研究も進んできた。学者の間でも意見の相違はある。ただ、森が万能でないことは確かだ。

一般に森のある山からは、絶えることなく水が湧き出ているイメージが強い。逆にはげ山になると、泉も涸れ、川の流れも消えてしまうと感じる。

だがこれは、水を総量（たとえば年間の流出量）で見るか、安定した流量で見るか、視点の違いによって変わることに注意が必要だ。通常は涸れていても、大雨の際に一気に水が流れ出た場合、年間流量は多くなるかもしれない。絶えることなく湧き続ける泉でも、年間の湧水量は意外と少ないかもしれない。また目に映る地表部だけで判断するのも危険だろう。地表は乾いていても、地下水は豊富な場合もある。

こうした森と水の関係を議論し始めると、森の質や地形、土壌、気候など非常に細かな条件を追求しなければならない。また科学的なデータも欠かせない。そこで、極めて単純に「水源地が森に覆われると、水は増えるのか」という点だけに絞って考えてみよう。

まず解答を示してしまおう。森は水を増やさない。むしろ消費して減らすのだ。水源の森の地下には水はたいしてない。これは異説というより学界の定説と言ってよい。

最近は「外資が日本の水源の森を奪う」という根拠なき情報がよく流れている。実際に外資が日本の森林地域の土地を購入しているかどうかは別にしても、そもそも水源の森を手に入れても水は手に入らない。水源地帯に水は広く薄く存在するだけで、仮に井戸を掘っても十分に取水できないだろう。水目当てに森林購入したのなら詐欺に引っかかったも同然だ。外資は原野商法の被害者かもしれない。

なぜ森は水を減らすか。それは、森が植物のほか動物や菌類など生き物の集合体だからだ。生物は、生きていくのに水が欠かせない。常に水を消費する。わかりやすいのは、光合成だろう。これは水を分解する化学反応でもある。

次に、樹木の表面からも水を蒸発させる。森に降水があっても地面に達せず、まず樹木の葉や枝や幹を濡らす分が相当量ある。これが樹冠遮断作用だ。植物によって遮断された水は徐々に下方に移動するだろうが、その過程で蒸発する分も少なくない。とくに立体的で表面積の多い樹木は、幹や枝葉表面に付着させる水分も多いが、そこに光や風が当たると水は蒸発する。それらの水は、地面に染み込むことはない。

森から蒸発する水の量はどのくらいになるか。この研究も行われているが、雨の降り方や森林の条件によってまちまちだ。日本で行われたいくつかの実験では、雨量の六%とか二〇%といった結果が出ている。ちょっと幅がありすぎるものの、雨の強度や森の木の樹種・密度など条件によるのだろう。ただ少ないとは言えない割合だ。降った雨のうち一割前後が大気中に戻っていくとしたら、莫大な水が土壌に到達せずに消えることになる。雨量から推測される土壌の含有水分量は随分変わるはずだ。

一方で、木の幹を伝って流れ落ちる雨水は、地面に到達しても雨粒のように小さくなく水量も多いため、土壌に染み込む前に地表に溢れる。そして水流になりやすい。もし、その森の地表部に草などが繁っていたら水をせき止め、地面に染み込む猶予を与えるかもしれないが、そうではなく小さな流れが斜面を流れ続け最後に河川に合流したら、川の流量を一気に増加させるだろう。

はげ山の場合はどうだろうか。草木がないとしたら、斜面が崩壊しやすく土砂や大きな岩に地表は覆われていることが多い。岩盤だと水は染み込みづらいが、砂礫《されき》や岩の堆積地だったら、むしろよく水を浸透させる。石や土、砂の粒径《りゅうけい》は大きく、間隙も広いから水を多く含むことができるだろう。だから水も滞留しやすい傾向がある。あるいは地下水として大量に流れているかもしれない。

この相反する現象のどちらがより大きく発現するのか……これは各地の地質と降雨の条件によって大きく変わる。だから森と水の関係は難しいのである。

2
「緑のダム」があると洪水は起きない？

森の魅力の一つにフカフカの土壌がある。歩くとふんわりした感触が楽しい。地表に溜まった落葉が土壌になると空隙が多くてフカフカになるのだ。

この森林土壌には水が蓄えられる、とよく言われる。では、森林土壌に溜まる水の量はどれぐらいだろうか。水源地の貯水力に森林土壌は関与しているだろうか。

まず気になるのは、森林土壌の厚みだ。日本の場合、平均すればせいぜい一メートルだろう。谷底なら上方から土が流れ込んで堆積するため五〜六メートルぐらいあるかもしれないが、逆に尾根筋では数センチしかない。むしろ岩盤が露出しがちだ。土壌は数センチから六メートルだとしても、山の高さは通常数百メートルある。これでは土壌など、薄い皮膜にすぎない。山の大部分は岩盤なのだ。

またフカフカの森林土壌というのは、水を長期間溜め込む力はあるのだろうか。スポンジに水を含ませて持ち上げれば、水はポタポタと滴り落ちる。空隙が多い、大きいということは、水の移動も簡単だということだ。

先に解答を記してしまおう。地下水は、森林土壌に溜まった水ではない。

水が溜まるのは、その下の岩盤層である。岩に水は染み込めないと思いがちだが、通常は岩でも風化により微細なひび割れが多く入っている。これを節理《せつり》と言うが、ここに水は染み込む。節理のような隙間に染み込む水などわずかだと思えるが、岩盤層は非常に分厚い。だから総量としての水は多くなる。

とくに岩盤が花崗岩《かこうがん》の場合は、深くまで風化して節理も多くなり、染み込む水の量は多くなる。だから貯水効果も大きく、日照りが続いても川の水量は変化しにくい。

地下深くに染み込んだ水の動きは非常に緩慢だ。山に降った雨が、再び地表部へ現れるまでに少なくとも数年、ときに数十年数百年かかるケースもある。たとえば富士山麓にある柿田川《かきたがわ》の水源はほとんど湧水だが、国土交通省が行った分析によると、富士山中腹に降った雨や雪が湧き出るまで二六〜二八年の年月がかかっていた。溶岩の層をゆっくり流れて標高差三〇〇〇メートルを抜けていた。

もっとも、狭い節理に水が染み込むには時間がかかる。すぐに流れ去ってしまえば節理に水は入り込めない。水が岩盤に長く接することで水が少しずつ染み込む。そこにフカフカの森林土壌が果たす役割も小さくはないだろう。雨が森林土壌に溜め込まれることで、水が岩盤節理に導かれやすくなるのだ。

たとえてみれば、木の板の上に水を流しても木材に水はほとんど染み込まない。表面を流れるだけだ。だが水を含むスポンジを長く置いておけば、木材の奥深くまで水が時間をかけて染み込む。森林土壌も、このスポンジと同じような役割を果たすのではないか。つまり、間接的に森は水を溜めるのに貢献していると言える。ただ、こうしたメカニズムはよくわからない。私もそのうち間違いを指摘されるかもしれない。

では、森林は治水機能にどの程度影響するのか。地下水は岩盤の貯水効果によって保たれていることはわかったが、水害につながるような大雨の場合は、土壌層の働きがどの程度あるのか、あるいはないのか。どうなんだろう。

国交省のホームページには「森林は、中小洪水に一定の効果を有するものの、治水計画の対象となるような大雨の際には、森林域からも降雨はほとんど流出することが観測結果からも伺えます」(原文ママ)とある。

大雨が降ると、土壌内の間隙に水が詰まって飽和してしまい、雨水は地表面の流れになるから治水機能は限界に達するというわけだ。だから緑のダムに期待せずコンクリートのダムを築かなくてはならない……と暗に匂わせているようでもある。

一方で林野庁などは「森林整備」を進めて森林の治水機能を高めようと呼びかけている。植林や下草刈り、間伐などを施すことにより、森の木々は健康的に育ち、また落葉も溜まって森林土壌をつくるからという理屈だ。だが森林土壌は、中小の雨ならともかく、大雨に際して斜面崩壊や洪水を止める機能は期待できるのか。先に私は森林整備をしても二酸化炭素の吸収量は増えないと説明したが、治水機能はどうだろうか。

自然界の水の動きを扱う水文学《すいもんがく》が専門の谷誠京都大学名誉教授は、ちょっと待って、と注文をつける。

「治水計画の対象となるような大雨の際には、土壌に水が飽和して、雨量のほとんど全部が流出する……これは国交省の言うとおりでしょう。しかし土壌から雨水があふれて地表面流として流れても、森林土壌の役割がなくなるわけではありません。水が飽和しても、激しい雨が土壌を通過することで流れがなだらかになる。たとえば雨量がまったく同じでも、斜面に厚い土壌層があれば、薄い土壌層の斜面よりも川の流量ピークは低くなる。またフカフカの森林土壌を、たとえば重機が走るなどして圧し固めてサイズの大きな隙間をなくしてしまうと、流量ピークは高くなります」と主張する。

もちろん、降り始めからの総雨量が非常に大きく、かつ激しい雨が降ると、土壌層はその排水能力を超えて、地下水の水位が上昇し、その浮力によって土壌層が崩壊してしまう。つまり

森があっても山は崩れる

「緑のダム」そのものがなくなる。その意味で限界はある。それでも山の斜面がすべて一度に崩壊することはないので、森林の治水機能を軽視するのは間違っている。

では、森林整備はどうか。仮に整備によって森林が健康的に育ち、多くの枝葉をつけて、それが落葉になったとして、果たして土壌を厚くするだろうか。落葉などが分解して土壌になるのは、通常一〇〇年間で一〇センチ程度だとされている。森林整備したらすぐに土壌がフカフカになったり、分厚くなったりすることは望めない。それに地表水は、軽い腐葉土を流してしまいやすいだろう。ちなみに水を溜めやすい土壌は粒径の大きな土砂であるが、その生成に森林が関与することはない。

しかし「土砂崩れが起きても土壌がすべてなくなるわけではない」（谷氏）。それは、樹木の根が土の粒子をつなぎとめるためだ。さらに長い年月をかけて樹木の根が広がり、水の集まりやすい凹地の土壌内に根に沿った排水路が形成される。すると水はけがよくなり、急斜面でも土壌層はすべて崩壊せずに一部が持ちこたえる。

つまり、土壌と、長時間かけて基盤の岩が地球的活動（造山運動や地震、地熱、水の浸透……）によって風化し、そこに動植物、菌類などの働きが加わってつくられる。土壌の間隙のサイズを変えたり量を増やしたりすることは、人為的に操作できるものではないのだ。

一方で森林と土壌という「緑のダム」を短期で失うことは容易に起こる。伐採で地上に樹木をなくすことも、あるいはシカの食害などで林床《りんしょう》の草がなくなることも極めて短時間に起こりうる。そして簡単には復元できない。自然の防災機能を維持することにもっともっと慎重でなければならないだろう。

3 木の根のおかげで山は崩れにくい？

豪雨水害を抑える存在として、森林は期待の星だ。何かと防災機能があるとされるからだ。洪水防止のほかに、山崩れの抑制にも役立つと言われる。樹木が根を四方八方に伸ばし、しっかりと土壌を抱え込んで崩れないようにするというわけだ。これも「緑のダム」機能の一つに加える人もいる。

ところが昨今の水害では、逆のケースが報告されている。森が山崩れを防ぐどころか、大規模な山崩れでは樹木も土砂とともに崩れ落ちて麓の集落を襲ったとか、河川下流に流木が押し寄せて橋に引っかかり川をせき止めるなどして被害を膨らませたというのだ。

多くの水害は、それぞれ固有の原因があるから、その土地の森林との関係は個別の調査を行わねばわからない。ただし極端な大雨が降った場合、いかなる森林であっても崩れるのは当たり前だ。そして昨今は、極端な大雨が降るケースが増加している。だから山の斜面が森ごと崩れて大規模な水害が起きたのは、それほど降雨量が多かったと理解すべきだろう。森林整備の遅れとは次元の違う話だ。

私は、もっと別の「森林が災害を引き起こす可能性」を感じている。とくに山の斜面に生える樹木が山崩れそのものを誘発するケースだ。

考えてみてほしい。樹木は一本で何キロぐらいあるだろうか。太さや高さによってまったく違うのは言うまでもないが、仮に直径三〇センチで高さ一〇メートルあれば、枝葉も入れたら一トンを軽く超える。それが何百本、何千本と山の斜面に生えているのだ。たとえば一ヘクタールの斜面に総重量何百トンもの負荷がかかっていると想像してほしい。それらの重量は、谷側下方へと表土を引っ張るだろう。

しかも風によって樹木が揺らされると、根っこが抱える表土ごと動かされ、斜面崩壊の口火を切りかねない。樹木が倒れたら、樹根の塊は表土を引き剝がしてしまうだろう。そして樹根が抜けた穴に雨水などが流れ込むと、地中に水を注ぎ込むことになり、土壌の結合力を緩めて浮力を生み出すうえ、土壌と岩盤との間に水の層ができる。それが斜面の崩壊を早める可能性があるのではないか。

樹木は、光の差し込む方向に枝を伸ばしがちだ。斜面などでは明るい方に傾いて伸びる。道

木の根は、土壌のある深さ1〜2ｍまでしか伸びない

沿いや川沿いの樹木も、明るい路面や川面側に傾く。すると重心が偏って倒れやすくなる。そうした木々は早めに伐採しておくべきなのだが、必ずしも適切に伐採が行われるわけではない。景観重視で反対も起きやすい。

さらに岸辺などの樹木に建築物の破片や土砂・岩などが引っかかると、流れる水の抵抗となり、そこから水が溢れて洪水を誘発しがちだ。あるいは流木が橋などに引っかかった場合も、水の流路を塞ぐことで洪水を招きやすくなる。

また洪水時に樹木が流されたら流されたで、破壊力は木の大きさに比例する。何トンもある大木がぶつかれば、コンクリート建造物でも破壊するだろう。だから太い木ほど水害を拡大しかねない。

太い木は、老木が多い。なかには芯が腐っていたりナラ枯れのような病虫害にやられていたりして、意外と倒れやすい側面もある。近年は、大木が増えているから、森林の存在が水害を大きくする可能性もあるだろう。

木の根っこと土壌の関係についても考えなければならない。よくスギやヒノキの根が浅いから倒れやすく、山崩れも発生しやすい、という意見を聞く。

しかし本当にスギやヒノキの根は浅くしか伸びないのだろうか。本当に確認した人がいるのか。根が地表近くにしか伸びていないのは、土壌が薄いからかもしれない。そんな場所では広葉樹でも根は浅くなるだろう。実際に一本のスギの根っこを全部掘り出そうと試みた林業家がいたが、それこそ三日かけても全部掘れないほど、地中深く広く伸びていたという。

肝心なのは、どんな樹木でも、土壌のある部分にしか根は伸びないことだ。樹木がわざわざ硬い岩盤を割って根を伸ばすことはない。岩の隙間に根が伸びた場合は、ほかに伸びるところがなく隙間に水分などがあったからだろう。逆に土壌が分厚く積もっている場合は、根も想像以上に深く伸びることもある。半砂漠地帯に生える草の中には、数十メートルの深さに達していた根もあった。

ただ土壌は、通常なら一〜二メートルしかない。つまり樹種によって深根性、浅根性と区別しても、伸びるのはその程度なのだ。樹高が二〇メートル、三〇メートルあろうと、根系の深さはその一〇分の一程度。おのずと表土を緊縛する力にも限界がある。もし風などで樹木が揺らされると、地下の根っこを動かす強力なモーメントがかかってくる。

もちろん、樹木が健康に育っていることが大前提だ。表土の厚さ以前に、樹勢が悪いと根もあまり伸びない。そこに天然林と人工林、針葉樹林と広葉樹林の差はない。

だから「人工林は災害に弱い」とは言えないのだ。人が手を加えて健康に木を育てたら根もよく張る。加えて樹齢・林齢も重要だ。一〇〇年生のスギ林と、芽吹いて二〇年程度の木ばかりの広葉樹の雑木林を比べたら、間違いなく根の張りはスギ林の方が強いはずだ。「人がつくった森林は災害に弱い」という先入観は極めて怪しいのである。

もう一つ重要なのは、山崩れと言っても土壌部分だけが崩れる「表層崩壊」と、地下深くの岩盤から崩れる「深層崩壊」とはまったく違うという点だ。後者の崩壊に森林はほとんど関与することがない。表層崩壊の場合、むしろ根の浅い木がさっさと倒れるおかげで引き剝がされる土壌も少なくて被害も減るかもしれない。

いわば傘と同じだ。にわか雨のときにさすと濡れずに済む。しかし台風の中で傘を広げてもびしょ濡れになってしまう（どころか傘も壊れる）。傘の効果が限られているように、森林の防災機能にも限度があるということだ。

森林に土砂崩れや洪水を防止できるといった過剰な期待を背負わせるのは、森林にとっても不幸である。

4 森は降雨から土壌を守ってくれる？

木が生えていると、雨が降っても表土は流されにくいという。本当だろうか。

一般的な理屈は「降った雨滴を樹木の枝葉が受けて、ショックを和らげる」からだろう。数千メートルの上空から落下する雨滴は、地表の土をえぐる破壊力を持つ。ところが、高さ数メートルのところの樹木（の枝葉）が受け止めてから雨滴をゆっくり落とすと、雨滴の力を減じて、表土が守られる……。

つい納得してしまう。実際に樹冠を大きく広げた樹木の下では、少々の雨が降っても濡れない。これも樹木の効果を感じられる一幕だ。

図1　植生が雨と土壌に与える影響（雨と森（樹木と草）の関係）

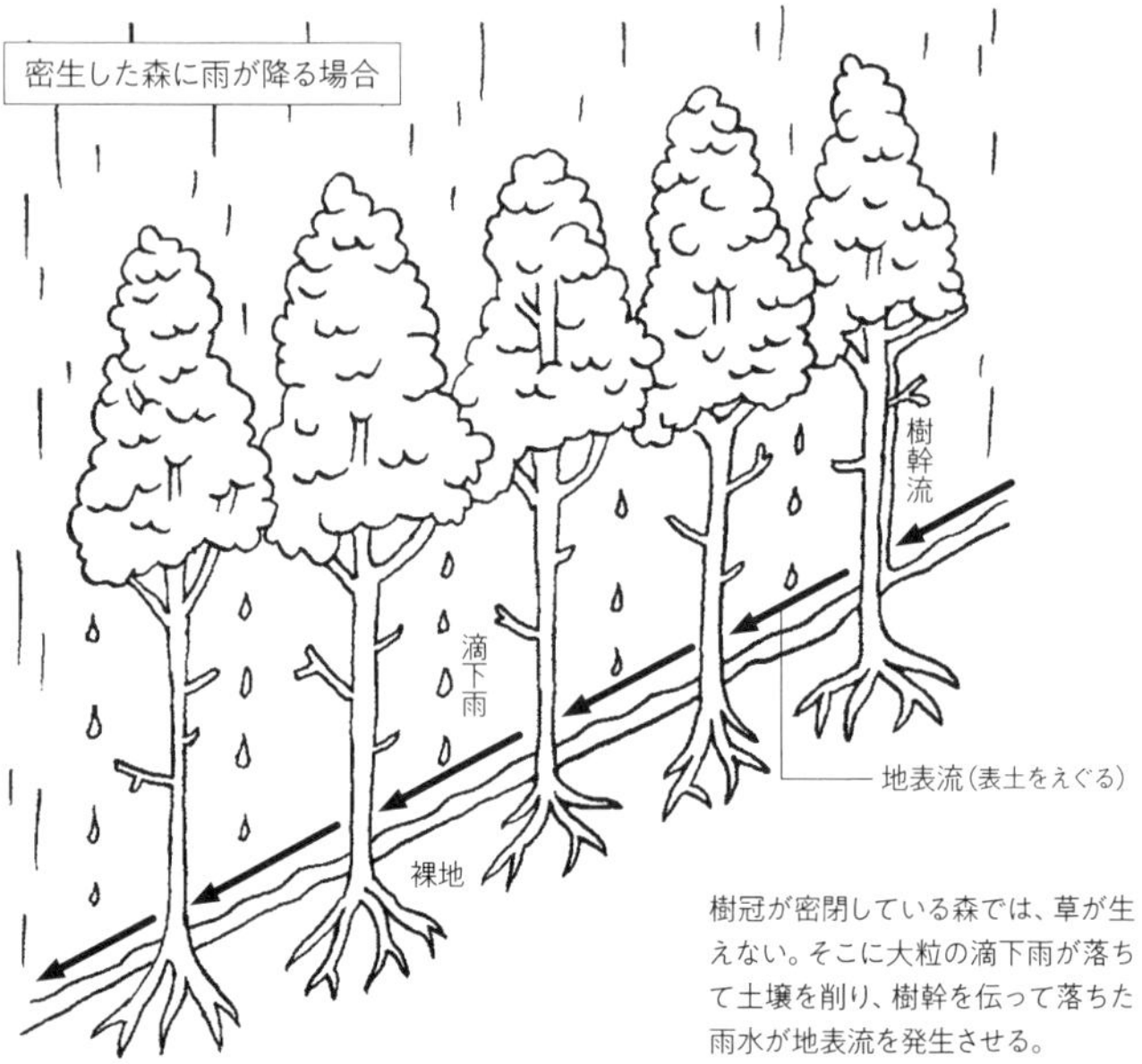

樹冠が密閉している森では、草が生えない。そこに大粒の滴下雨が落ちて土壌を削り、樹幹を伝って落ちた雨水が地表流を発生させる。

だが樹木が、むしろ表土を削る手伝いをしている可能性もある。

なぜなら、樹木の枝葉を広げた樹冠部分に雨が降ると、枝葉に雨滴がつく。ここまでは同じだが、それは徐々に葉の表面などに溜まって大きな塊となることを忘れていないだろうか。そして大きくなった雨滴が樹冠から落ちる。空から直接落ちてくる雨滴に比べてはるかに大きな水の塊が、したたり落ちるのである。

よほどの大雨でない限り、雨滴の大きさは、〇・一ミリから数ミリである。ときに六ミリサイズの雨粒が観測された例もある（それ以上だと、だいたい分裂する）が、霧雨のよ

木が少なく明るい森では、草がよく繁って雨を受け止め、水の地下浸透を促す。

うな場合の雨滴が地面に落ちても、あまり破壊力はない。しかし樹冠で集まった水は、もはや粒というより水流として落ちる。

雨が森を抜けると、どんな雨滴になるか。森林総合研究所で研究されていた。

まず森の上に降った雨は、五〇～八〇%が樹冠通過雨として地面に降り注ぐという。それは葉や枝に触れずにそのまま落ちる「直達雨」、葉や枝に溜まった後に大粒となって落ちる「滴下雨」、葉や枝で弾けて砕けて小粒となって落ちる「飛沫雨」の三つに区別される。それを日本、アメリカ、タイの三カ国で樹種別にデータを集めて解析したという労作なのだが、細かな点は省くとして、葉が多い森ならば滴下雨が多くなる。とくに広葉樹ほど多く、直達雨はほとんどなかった。また針葉樹林は、飛沫雨が多かった。

ここで注目すべきは、やはり滴下雨だ。粒が大きく表土をえぐる力が強いからである。その衝撃で、固まっていた地表の土が破壊され、飛び散る。そこに水の流れがあれば土は流されるだろう。実際、樹木の下ほど表土が流されがちなのは、ちょっと観察すると気づく。

もちろん樹木には、雨水を樹幹に伝わらせて静かに下に流す効果もあるし、飛沫雨は直接降り注ぐ雨滴よりも小さく蒸発しやすいからマイナスばかりではないが、樹木が表土を守っているとは必ずしも言えないのだ。

では、何が土を流出から守ってくれるのだろうか。

改めて森林を観察すると、健康的な森林には樹木だけでなく草も生えていることが多い。草は木の下の低い位置に生えて地面いっぱいに繁る。草の葉は、雨滴を受けてもしなってゆっくり地面に落とす。高さは、せいぜい数十センチ、丈の高い草でも二メートルもないだろう。そして草の葉は二重三重に地面を覆っていることも多い。葉から葉へと伝いながら落ちていく雨滴は衝撃エネルギーを失っていく。だから、土はえぐられずに済む。

草の葉からゆっくり落ちた水滴は、土に染み込んでいく。そして草の根は樹木の根よりずっと細かく、地面直下を密に伸びて表土をガッチリとつかんでいる。表土を雨滴の衝撃から守っているのは、そんな地面を覆うように生えている草ではないだろうか。

森では、樹木の樹冠に落ちた水滴が、さらに下の草に受け止められることもあるだろう。適度に光が差し込む森林では、林床にも草が生える。この二段構えで降雨から土を守っているのである。

ここで重要なのは、もし樹木が密に繁りすぎると、光が地表に届かず林内は暗くなることだ。すると樹木の下に草は生えず、地面は剝き出しになる。すると樹木の枝葉から落ちた水滴が地面をえぐるだろう。樹木だけの森は、むしろ地表を破壊しかねないのだ。

逆に樹木がなくとも草が繁っていたら、土壌流出の心配は少ない。たとえば芝生が張られたゴルフ場では、土壌流出がほとんどないことが確かめられている。芝生は密に地面を覆っていて、雨から土を守っているのだ。

少し脱線するが、江戸時代には今で言う雑草という概念はなかった。文献に「雑草」という言葉はほとんど登場しないうえ、使っても悪い意味ではなかったのである。

もちろん農作物の成長を邪魔する草は抜き取ったり刈り取ったりする対象になるが、それらの草はさまざまな使い道があった。山菜のように食べられるものもあったし、薬にもなる。繊維を利用する草もあった。それに牛馬の餌としても重要であった。

なにより重要なのは、草を肥料にすることだった。刈り取った草は積み上げて腐らせることで堆肥になる。それを農地にすき込むわけだ。樹木の枝葉も刈り取って堆肥にしたが、草の方が生産力が高くて刈り取りも楽だから断然有利だった。

里山の歴史を調べていると、樹木を伐って、草山にする話が出てくる。山に樹木が生えていない方がよいという考え方もあったのだ。領主が草山を開墾して農地にするようにとお触れを出したところ、草山をなくしたら肥料（草の堆肥）が取れなくなり、農地にしても作物が収穫できないと反対した記録も残る。あるいは災害を防ぎ、木材を生産するために植林をしようと提案したが、農民が反対したことを記す古文書もある。長期的な防災や木材生産よりも、草を求めたのである。

近年は、樹木だけでなく地表の草の被覆も重要であることが知られてきた。農地でも、草を生やさないと表土が流出して、農耕が営まれなくなるケースが頻発しているからだ。多様な植物が生えていてこそ災害にも強いと主張されるようになってきた。

樹木と草は、それぞれの役割を持っているのだ。

5 黄砂は昔から親しまれる気象現象？

風が吹けば桶屋が儲かる……という言葉は、風で土が舞うことからスタートする。だが、日本では土が剥き出しのところは少なくなり、また湿っていると土が舞い上がりにくいから、あまり土埃が舞い上がる光景を目にすることはない。

だが世界では風の影響も侮りがたい。とくに乾燥地帯では風によって土が舞い上がり運び去られてしまう。アフリカから中近東にかけての砂漠や、その周辺のサヘルと呼ばれる乾燥地帯では、貿易風や偏西風によって莫大な土が運ばれている。そしてアジア大陸でも、風による深刻な土壌消失が起きている。その一つが、黄砂だ。

黄砂は文字どおり黄ばんだ微細な砂だ。春先に中国大陸奥地から季節風（モンスーン）に乗って日本に飛来する。日本では春霞として知られ、洗濯物や車のフロントガラスに付着して汚す。あまり有り難くはないが、同時に季節の風物詩にもなっている。

だが、舞い上がる砂の量たるや年間で五〇〇万トンにも達し、その三分の一から二分の一が日本列島に降下しているという。大雑把に言って二〇〇万トン前後の砂だから、凄まじい量だ。これも日本の土になっていると言えなくもない。

この害を、あまり過小評価しない方がよい。とくに最近指摘されるのは、人体の健康への影響だ。なぜなら日本に届く粒子は、非常に小さい（三～四μｍ）から肺の奥にまで入りやすいのだ。また黄砂が日本まで飛んでくるのは、主に三～五月。これはスギとヒノキの花粉症の時期ともろにかぶる。黄砂自体がアレルギー症状を引き起こすと言われるほか、花粉症などと重なることで悪化させる可能性がある。もし鼻水や目のかゆみがひどい時、あるいは喘息《ぜんそく》などが起きた時は、花粉症だけでなく、黄砂の影響を疑ってもいいだろう。一般に花粉症では、喘息や咳は起きないと言われているからだ。

黄砂の主成分は、石英《せきえい》や長石《ちょうせき》、雲母《うんも》、カオリナイト、緑泥石《りょくでいせき》などの鉱物だ。これらは日本に飛んでくる途中で大気中のＰＭ二・五と呼ばれる微細な排気ガス成分のほか、カビや細菌などを付着させる。これらがアレルギーほかの健康被害をもたらす可能性がある。

ところで、黄砂が飛ぶ原因は、あまり知られていない。

日本では古くからの文献にも「春霞」として春先に遠方が見えなくなる空気の濁りが記載さ

れているから、昔からある自然現象だと思われてきた。

たしかに黄砂が飛ぶこと自体は、古代の中国でも起きていたのだが、近年、その発生頻度と規模は拡大し、大規模な環境問題となっている。もちろん日本だけでなく、足元の中国の被害は年間七〇〇〇億円相当に達するとされ、朝鮮半島にも甚大な影響をもたらしている。農作物被害、視界を奪う生活被害、吸い込むことの健康被害に加えて、エンジンに吸い込まれることで自動車などの故障が増えた。しかも黄砂の規模は以前より格段に大きくなっている。

中国の環境問題を研究してきた大阪大学大学院の深尾葉子教授によると、日本まで飛んでくる砂は、従来言われてきたタクラマカン砂漠からではなく、より日本に近いモンゴルや内モンゴル、新疆《しんきょう》ウイグル自治区、黄土高原、華北地方からだという。具体的な発生源は、農地や放牧地、道路などが大きかった（『黄砂の越境マネジメント』より）。

つまり中国の農地や草原は、毎年五〇〇〇万トンの土を失っていることになる。

かつては春の風物詩だった黄砂が、近年はなぜひどくなったのか。風が強くなるなどの自然現象というよりも、表土の攪乱が強まり土が舞い上がりやすくなったからだという。攪乱とは、過度な耕作や大規模な土木工事である。

乾燥地であるこの地域の農地も、従来はそんなにひどく土壌が剝き出しではなかった。伝統的な農法は、あまり耕さず、また範囲も限られていた。おかげで大部分の表土は守られてきた。ところが中国の経済成長が続くと、より農地を増やそうと草原の耕地化が進んだほか、畜産でも放牧頭数を増加させたため、草を根こそぎ食べられてしまう。さらに地下資源（金や石炭）の採掘なども大規模に行われた。こうした開発が急速に進んだことこそ、黄砂の激化の原因と考えられる。

深尾教授が挙げる具体例は、内モンゴルの草原に生える「髪菜《はっさい》」の採取である。髪菜は、見た目は黒いモズクかヒジキのような形状だが、その正体は原始的な生物であり光合成をする藍《らん》藻《そう》の一種のシアノバクテリアだった。これが内モンゴルの草原を覆っていて、表土の飛散を防いでいたのだが、近年薬膳料理の素材として持て囃《はや》されるようになった。そのため健康食として価格が高騰し、競って採取するようになったのだ。

だが長い年月の末に形成された大地の被覆だけに、一度採取されると回復しない。土が剝き出しになり水分も奪われやすくなる。そのため草原の砂漠化を進めてしまった。

ほかにも漢方薬の材料となる「甘草《かんぞう》」も根こそぎ採取される。また採取者は野営しながら採取するが、その際にヤナギなど在来の植物を掘り取って燃料にする。それが植生の破壊に拍車をかけた。

なお黄砂からはアンモニウムイオン、硫酸イオン、硝酸イオンなども検出されている。飛散途中で人為的な大気汚染物質を吸着しているからとされるが、耕地に散布された化学肥料由来の可能性もある。いずれにしろ、人為的要素が高い。そして、それらが健康被害をもたらしている。逆に黄砂はアルカリ性であり、それが酸性雨の発生を抑えているという報告もあるから環境とは複雑だ。

中国政府も、黄砂を抑えようと耕地に植林をして森にもどす「退耕還林」政策や、放牧禁止を打ち出している。だが、これも逆効果になりがちだ。

先に植林の危険性を指摘したが、乾燥地に木を植えたら、樹木は水を吸い上げて余計に乾燥を進めてしまう。地下水の汲み上げは、塩類集積を伴い大地を不毛にしかねない。植える樹種も、本来その地に生えていた低木や草ではなく、人間に有用な樹種を選びがちだ。しかも植えるために、乾燥地に根付いた草木を刈り取ってしまう。

日本からも中国の砂漠に木を植える植林ツアーが催されていて多くの人が参加している。木を植えに行くボランティア活動と美しく語られがちだが、実はこれも乾燥を進めて黄砂を拡大する危険な行為ではないか。

また草原での放牧を禁止したことで、遊牧民は許された狭い範囲に多くのウシやウマを放すことで植生をより破壊してしまう。これまでの放牧には、草の量と生える季節を考えて循環させる知恵があったのが、それを壊してしまったのだ。あるいは餌としてトウモロコシなどを栽培せざるを得なくなり、草原を耕地にしてしまう例もあるそうだ。

黄砂に限らないが、中央アジア、南北アメリカやアフリカなど各地で不毛の地の拡大が世界的な問題となっている。対応を誤ると、より被害を拡大させてしまうだろう。

6 植物もパンデミックに襲われる？

二〇二〇年以降、世界中に広がったコロナ禍は、明らかにパンデミック、感染症の世界的大流行である。中国の武漢で発生し、瞬く間に世界中へと感染を広げた。その結果は罹患者《りかんしゃ》の苦しみだけでなく、一般市民の日常生活を狂わせ、経済を崩壊の淵まで追い込んで、社会を混乱に陥れた大災害となった。

パンデミックは、人類だけが対象ではない。同時期に鳥インフルエンザや豚熱と呼ばれる動物の感染症も世界的な流行を起こしていた。それは野生動物から家畜・家禽《かきん》へと広がり、ニワトリやブタなど飼育動物の大量処分に発展して、畜産業を苦境に陥れた。

もう一つの隠れたパンデミックを紹介したい。それは植物の世界で起きたものである。

ことの起こりは、文化庁が二〇一五年に出した通達だった。それは国宝・重要文化財建造物の保存・修復には国産漆を使用すべしというものである。これをきっかけに、全国で漆増産のためウルシノキの植林が始まった（ここでは植物としてはウルシノキ、ウルシ林と表記し、そこから採取する樹液を漆と漢字表記する）。ところが、せっかく植えたウルシノキの苗が、大きく育つ前に衰退し枯れる現象が各地で確認され始めた。

最初のうち、その原因は管理不足や不適地に植林したからではないかと考えられた。だが森林総合研究所が生物的要因、つまり害虫や樹病の可能性も調べ始めたところ、ファイトフトラ・シナモミ属の菌類（何種類もあるが、ここではまとめてファイトフトラ・シナモミ菌と称す）が根腐れを誘発して引き起こす病害であることを突き止めたのである。ウルシノキに蔓延する疫病は「ウルシ疫病」と名付けられた。ちなみにこの菌が見つかったのは山形県以南であり、現在の国産漆の約七割を生産する岩手県二戸《にのへ》市浄法寺《じょうぼうじ》は侵されていないことは救いだろう。

これでウルシノキが枯れる理由はわかった、今後ウルシノキを植える時はしっかり防除しましょう……と通達すれば済む、わけではなかった。なぜならファイトフトラ・シナモミ菌は、世界中で猛威を奮っていたからである。

この病原菌の仲間は、これまでジャガイモ疫病菌として知られていた。ところが近年は、北米やスペインで広がっているオーク（カシ）が突然枯れる病気の原因が、このファイトフトラ・シナモミ菌のせいだとわかってきた。

さらにオーストラリアの森林でも大規模な樹木の枯損と衰退を引き起こし、森林生態系に大きな損害を与えて重大な脅威となっていた。今やこの菌の仲間により、荒廃地と化した森林も数多くあるという。

日本では、これまでセイヨウシャクナゲやツバキ、キャラボク、ローソンヒノキなどに被害が出た記録があるが、局地的なものと思われていた。ところが今回のウルシ林の調査では、北海道と岩手を除く山形県以南のウルシ衰退林のすべてで、この菌を検出している。つまり全国的に菌は存在している可能性が出てきた。

なぜ、ファイトフトラ・シナモミ菌が、世界中に広がったのか。病気の蔓延を防ぐ心配も必要だが、まずそこに疑問がある。

菌の起源は、東南アジアかパプアニューギニアと言われているが、はっきりしない。ただ低温には弱く、とくに土壌が凍結するような地域では生存できない。だから低緯度地域が原生息地なのだろう。それが近年になって世界中に拡大し始めて、今も北上を続けている。しかもかなりの低温でも生存できるようになった様子だ。

おそらく地球温暖化がこの菌の生息域を広げやすくしたのか、あるいは低温に強い変異株が誕生したのだろう。もしかしたら日本の岩手県も温暖化が進み、寒さに強くなった菌が蔓延したら、二戸市のウルシ林もやられる恐れがある。

それにしても、なぜ全世界に広がっているのか。この菌は、土壌内に生息し水や土壌を通じて樹木に伝染することが知られているが、風に乗って海を渡るとは考えられない。つまり通常の状態では、世界中に感染が広がらないはずだ。

広域に拡散したのは、苗木の移動による可能性が高い。つまり人が草木の苗を移動させたことが、世界的に蔓延させる元になったのではなかろうか。日本にも、輸入された樹木の苗についてきた可能性がある。以前に日本で発見された被害の出たセイヨウシャクナゲやローソンヒノキなどは、いずれも外来種である。

もう一つ疑わしいのは、土の輸入だ。土そのものが世界中を移動している。とくに日本は多く輸入しているのだ。

たとえば日本で売られている腐葉土の多くは輸入品である。落葉を輸入して日本で発酵させている。以前は中国産が多かったが、今ではインドネシアやバングラデシュ、ベトナムなどの熱帯産落葉が増えている。

私は取材した際、熱帯産の落葉に付いている菌類が心配になった。熱帯の土壌は、微生物の宝庫だろう。しかし輸入業者は「発酵熱で死滅する」と意に介していなかった。たしかに落葉が発酵すれば摂氏七〇〜八〇度まで上がることもある。しかし全体が高温になるわけではないし、菌類が確実に死に絶えるとは思えない。いや、発酵も十分に行われているとは限らない。とくに園芸用の腐葉土はまだ葉っぱの形を残したものが多く見受けられる。完全に分解せず、葉を残したものの方が腐葉土っぽい（からよく売れる）と考える業者もいるようだ。代わりに化学肥料を添加するのだとか。腐葉土を入れると作物の生長がよくなった、と喜んでも、実は化学肥料の効果かもしれない。

さらに肥料も多くが輸入だ。リン酸やカリの鉱石、アンモニア（窒素）などのほか、有機肥料の原料となる魚粉や海藻、油粕、それに骨粉《こっぷん》なども輸入される。有機農法が流行っても、有機肥料は日本ではあまり生産していないからだ。検疫は行われているが、それが完璧とはとても言い切れない。一方で日本が海外に輸出する肥料もあるが、こちらにも微生物は含まれているだろう。

ファイトフトラ・シナモミ菌が日本に渡った経路はともかく、経済のグローバル化は菌や細菌、それに微生物、ウイルスなどの移動も促進してしまう。それが植物界にもパンデミックを引き起こす。農作物や林業苗に感染するようになったら大問題となるだろう。

そうした海外からの土の輸入で持ち込まれた微生物の中に、新たな感染症として（樹木ではなく）動物や人に襲いかかる種類がある可能性もなくはない。パンデミックの元は、いたるところに潜んでいるのだ。

III 日本の森を巡る幻想

日本の森と生物多様性の常識

日本は国土の七割近くを森に覆われている森林大国である。だが、その森の多くは、人が植えてつくった人工林だ。歴史的に天然林を切り開いてスギやヒノキなどを植林した。そのため原生林はほとんどなく「本物の植生」はあまり残されていない。

ただ神社の境内林や天皇陵など貴人の墓である古墳の上に成立した森は、宗教的な感情によって禁足地《きんそくち》となり人々は手をつけなかった。そのため古くからの植生が残されて

いる。このような森を再現しようとしてつくられたのが明治神宮の森だが、そこには照葉樹林が繁っている。日本の潜在自然植生（本物の植生）は照葉樹林なのだ。

　本物の森は、生物多様性が高い。多くの生物種が共存して生きていくためには、長期間安定した状態を保った環境がなくてはならない。しかし日本の森は、幾度も伐採を繰り返して多くを人工林に変えてしまったので、原生林と比べると多様性は低い。

　一方で人がつくった森（人工林）は、ずっと人が手を入れ整備し続けなければいけない。ところが手入れ不足によって荒れた森が増えてきた。雑木林やマツ林も、昔から人が手入れしてきた森なのに、近年は放置されたため衰退している。マツ林にしか生えないマツタケが採れなくなってきたのも、そのためである。

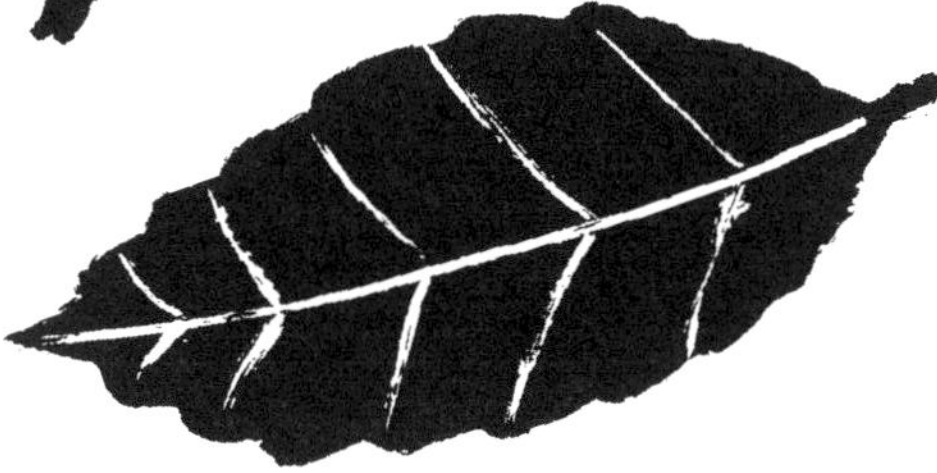

　とはいえ森林は、さまざまな自然環境の中でもっとも生物多様性の高い空間だ。砂漠などの荒野はもちろん、草原のような草しか生えていない空間に比べると、立体的で多くの動植物などが生息している。草原を森に変え、人工林を広葉樹主体の天然林に移行させていくことができれば、日本の自然をより豊かにできるだろう。

異論あり

現代日本の森は非常に豊か
潜在自然植生は幻の存在！
進化は自然破壊から始まる！
生物は森より草原に多い！
……etc.

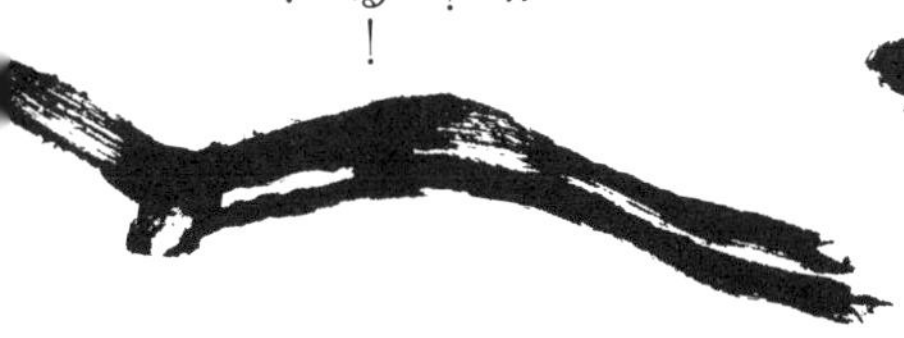

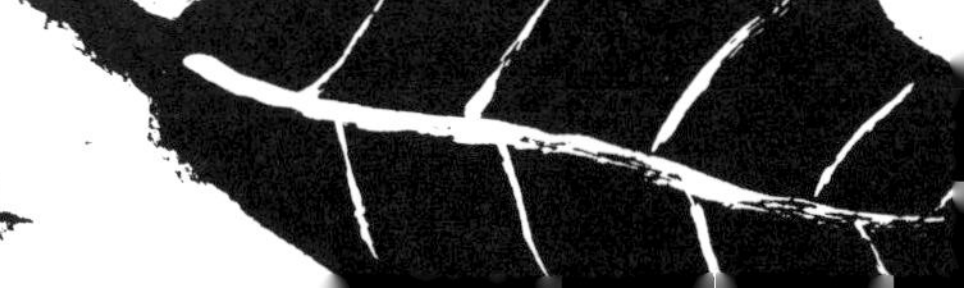

1 マツタケが採れないのは、森が荒れたから？

マツタケが絶滅危惧種に指定されたことを知っているだろうか。今さら言われなくても、ずっと前から国産マツタケは滅多に食べられないキノコじゃないか、と思う人もいるだろうが、これは世界規模での指定なのである。日本で食べるマツタケの多くが輸入物だというのに、外国でも稀少になったのだろうか。

指定したのは、野生生物の専門家などで組織されるＩＵＣＮ（国際自然保護連合）だ。絶滅の恐れのある野生の動植物を記載したレッドリスト最新版で、マツタケは世界的に生育量が減少していることから絶滅危惧種に加えたのである。もっとも、正確には絶滅危惧Ⅱ類（危急）への分類であり、危険度から言えば上から三番目。「絶滅の危険が増大している」種という位置づけだ。

日本の森だけの問題ではない。日本の食卓に上がるマツタケは、中国産やカナダ産、ときにモロッコ産、ブータン産など国際色豊かだ。世界的にマツタケの生産量（採取量）が減ってきたことを心配して指定したものだ。

マツタケが完全に地球上から消えてしまうとは考えにくいが、少なくとも地球規模で滅多に見かけなくなる（だから食べられなくなる）可能性もあるのだろう。このニュースが出ると、世間ではマツタケが食べられなくなる、と心配する声が多かった。そしてマツタケが減った理由について、採りすぎたのか、それとも森が荒れたからか、と騒がれた。

一体、世界の森で何が起きているのか。

まず知ってほしいのは、採りすぎということはない。キノコは地中に広く菌糸を広げていて、地上に出てくる子実体《しじつたい》は一部にすぎない。ここを採取したからといって絶滅するものではないし、そもそもマツタケに狂奔して、必死に採って食べるのは日本人ぐらいのものだ。日本への輸出用に採るか、日本の影響でマツタケを食べだした地域も一部にあるが、世界的にはさほど人気の高いキノコではない。

報道では「健全なマツ林が減っているため」と解説されている。が、これも誤解を招きかねない表現だ。どんな状態を「健全なマツ林」と言うのだろうか。

マツタケは、マツ林の中に発生する菌類である。マツタケ菌は、生きたマツの根に菌糸を伸ばして生育する菌根菌《きんこんきん》の一種で、枯れた木に寄生する腐生菌《ふせいきん》とは違って生きたマツの根が必要だ。非常に繊細で弱いため、ライバルとなる菌がいない土地を好む。マツがあっても、落葉が溜まると土は富栄養化し、多くの菌類、微生物が増殖する。するとマツタケ菌は負けてしまうのである。

一方でマツという樹種は、痩せた土地に生える。土壌が肥えるとマツは衰退する。戦前のマツばかり生えている日本の山を見て「赤松亡国論」という言葉が流行った（アカマツしか生えていないのは豊かな森を失って痩せた山だから、という主張。林学者の本多静六が講演で訴えた意見を要約した言葉）こともある。

つまりマツタケは、落葉も溜まらないような貧栄養状態のマツ林に生育するのだ。

では、マツタケがたくさん採れた時代は、なぜ山が痩せていたのか。

過去、日本の山では過度な草木の採取が続いていた。木材は、建築材料だけでなく多くの道具の素材であり、エネルギー源としても重要だった。日々の煮炊きや暖房から産業に供する燃料まで、薪や木炭の形で木々が燃やされたのである。江戸時代の大坂の町で使われる薪は、遠く四国や九州から運ばれた。江戸の町も同じく東北・関東一円からエネルギー源として薪や木炭を集めていた。

さらに農業でも、山林の落葉を集め、草や枝葉を切り取って農地にすき込み堆肥にした。農地を肥やすために、山の養分を奪ったのである。

かくして山の土壌は栄養分を失い、末期的状況に陥った。そこに生えられるのはマツぐらいしかなかったのである。

つまり「亡国」とさえ言われたマツしか生えない荒れた山の状態が、マツタケの生育にぴったりだったのだ。昭和初期の日本の山に多くのマツが生え、マツタケが大量に生えていたのは、それだけ山が荒れていた証拠というわけだ。

だが戦後の日本は、エネルギー源を化石燃料に頼るようになり薪や木炭の需要は激減した。農業でも化学肥料が主流となって、わざわざ山から落葉を採取して堆肥をつくらなくなった。素材としては金属製や合成樹脂製が席巻し、また建材も輸入が増えた。すると山に草が茂り落葉が溜まり、富栄養化が進んだ。するとマツは樹勢を弱め、ほかの樹木に生育場所を譲るようになった。また土壌の中には多くの菌類が繁殖するようになる。

加えて日本ではマツクイムシ（マツノザイセンチュウによるマツ枯れ）が蔓延して、多くのマツが枯れたこともある。

マツタケが生育できる山は少なくなった。国産マツタケの生産量もどんどん減って、戦前の一〇分の一以下になってしまっている。

ただ今回の〝絶滅危惧種〟指定は、日本だけではない。世界的にマツタケ減少が起きているらしい。

海外のマツタケ山の状況はよくわからないが、おそらく日本が歩んだ道と同じことが進行したのではなかろうか。発展途上国では、燃料として薪や落枝が採取されるので、山は痩せて荒れがちだった。だが、化石燃料が普及することが森林の復活に結びついている。結果的に表土の富栄養化が進み、草木がよく繁るようになったのかもしれない。

これを「健全なマツ林が減った」と言うこともできるが、マツが減ってさまざまな樹木や草が生える「豊かな森が再生した」と見てもいい。

時間軸を長く取って見れば、豊かな森に覆われていた先史時代は、ほとんどマツタケが採れなかったのではないか。そもそもマツは、縄文や弥生時代には生えていなかったようだ。花粉がほとんど見つからないのである。マツは古墳時代に持ち込まれた外来種ではないかという説もあるほどだ。

マツタケが絶滅を危惧されるほど減少したことを嘆く前に、森の生態系、生物多様性という面から見ると、どちらが好ましいかを考えてみてもいいだろう。

2 古墳と神社の森は昔から手つかず？

東京の明治神宮の森は、人がつくった森である。田畑と原野の広がるところに大規模な植樹をして生まれた。それが今では自然の森にそっくりになったと注目されている。そのモデルとされたのが、古墳の森だという。

明治神宮の森の造成計画を練った一人である上原敬二は、計画の過程で大阪の大仙陵古墳《だいせんりょう》（仁徳天皇陵）を視察して、墳丘に成立している森を見た。古代より手つかずの森を「神社境内林の理想」と見本にしたのである。大仙陵古墳は一〇〇〇年以上、人が手を加えていないと想像したのだろう。もともと明治神宮の森づくりを主導した本多静六は、人が手をかけずに維持できる森にする計画だった。聖域として禁足地にするためだろう。

神武天皇陵の森は樹木や草が多層に育つ

日本の森林は、九九％以上人の手が入っている。何らかの形で人が関与してその姿を変えてきた。人が住めば、伐採もするし山火事も起きる。人の都合で草木も植える。意図的か不用意な偶然かはともかく、その繰り返しが植生を変えた。とくに里山は、農地はもちろん森林や草原、小川や池など全部、人がつくったものだ。奥山だって、近代以降は木材収穫のため植えられた人工林が増えた。しかし、こうした森は常に人が管理し続けないと同じ状態を維持できない。

そこで長く人の手が入らない森のモデルとして見つけたのが陵墓だった。大王《おおきみ》（天皇）の墓なら神聖な場所だから人が入らなかったはずだと。明治人らしい発想だ。

古墳は、人工的につくった墳丘に石を敷きつめたとされる。そして上部や周囲に埴輪が並べられていたようだ。見た目は、ピラミッドのように石の建造物だったのではないか。だから近年復原される古墳の姿は、葺き石で覆われた姿にされるものが多い。しかし、温暖多雨の日本の気候では、草木がどんどん育つ。やがて表面の敷石を持ち上げ、さらに覆うように繁って森を形成した。それが現在の古墳の森だ。

ところが上原敬二や本多静六には申し訳ないが、まったく人の手が入らなかったわけではないようだ。大仙陵古墳の場合は、幕末に墳丘の上に多くの木々が植えられた記録がある。どうやら以前は墳丘に木がなかったらしい。人が勝手に中に入り、樹木や草を採取していたのである。一般人の立ち入りを禁じたのも植林後らしい。上原の見た森は、植樹されてせいぜい五〇～六〇年だったのではないか。「古代より手つかず」というのはちょっと大袈裟なようだ。

各地の古墳でも、積極的に木を植えたと思われるところが少なくない。

邪馬台国の卑弥呼の墓ではないかと言われる奈良の箸墓《はしはか》古墳も、今はこんもり木が繁っているが、一八七六年に撮影された写真を見ると　ほとんど草木が生えていない。おかげで本来の墳丘の形がよくわかるのだが、撮影されてから約二〇年後に植林されたらしい。ほかにもはげ山状態の古墳は多くあったが、明治の尊皇思想の高まりの中で植樹して立入禁止にした陵墓は少なくないようだ。

私の住む奈良には古墳がたくさんあって散歩コースにもしているのだが、墳丘を外から眺めると、明らかに植林された森と判別できる箇所もある。ヒノキ林だったりすると木材生産のためかと想像してしまうほどだ。

航空レーザー測量によって古墳の形状を調べると、城砦《じょうさい》に改造されている例も見つかっている（古市（ふるいち）古墳群の岡ミサンザイ古墳など）。おそらく戦国時代に古墳を砦として使っていたものと思われるが、つまり、古墳は聖域として特別扱いされることもなく、禁足地にもなっていなかったことがうかがえる。

全国にある数万の古墳には、一部を田畑などにするため削られたり、民家が建てられているケースが目立つ。また冬に火入れをした記録の残る古墳もある。古墳であることを忘れられているところも多い。

鎮守の森も同じだ。

鎮守の森は、神社の周囲の樹林地帯を指す。ただ社寺林という言葉もあるように、神社だけでなく仏教寺院や沖縄の嶽《ウタキ》のような場所も含み、一般に聖域の植生全般を説明することに使われる。いずれにしろ聖域ゆえに人の手が入らなかったと考えられた。ところが鎮守の森の研究が進んでくると、その形成の歴史がわかってきた。

戦前の農林省山林局が『社寺林の現況』という調査報告書を出している。調査対象は、全国の一七七万三七三〇余の神社や寺だ。境内面積は三万九〇〇〇ヘクタール余で、樹林地は、そのうち約七割を占めていた。

その報告によると、関東地方はスギやヒノキ、マツが代表的で、そこにケヤキが混じる。信越地方は、カラマツが多いほかヒノキ、ケヤキの混じった森。中国、近畿、東海地方は、スギ、ヒノキ、マツが優占しつつ、カシやシイが混じる。四国、九州地方は、カシ、シイ、クスノキ。次いでマツも混じる。

全体として、関東以西の鎮守の森に多い樹種は、マツ、スギ、ヒノキなど針葉樹だった。落葉広葉樹も比較的あるが、照葉樹はあまり確認できなかったのである。どうやら四国と九州を除いて、照葉樹林主体の鎮守の森はあまりなかったようである。またマツのような先駆種（裸地に最初に生える種）が目立つ点からも、手つかずの森とはとても言えないことがわかってきた。

さらに文献を調べると、鎮守の森にも頻繁に人の手が入っている記録があった。それに古い絵図などに残る神社の風景は、樹木の少ない状態が一般的だ。むしろ社寺側は、境内の森から肥料や燃料にするための落葉落枝《らくようらくし》、さらにマツタケの採取権まで村民に販売して利益を得ていた。一方で、将来の本殿などの改築に備えて、スギやヒノキ、ケヤキなどを植林したことを示す文書もあるそうだ。

サクラやウメなど花を愛でるために植えられた木々も少なくない。またクスノキも、関東では自然に生える木ではなく、おそらく移植したものと思われる。

伊勢神宮でさえ、宮域林《きゅういきりん》（鎮守の森）は薪採取のためほとんどはげ山だった。古くは式年遷宮に使う木材の調達の場だったが、大木が減った後は薪炭林扱いになった。年間数百万人の参拝客を迎える伊勢では、その接待に莫大な燃料を必要としたのだ。境内を流れる五十鈴川《いすずがわ》もよく氾濫した。そこで一九二三年に森林経営計画が立てられて、大規模な植林が行われた。現在の宮域林の多くは、この時に造成された森である。

かつて樹木は、建築資材のほか日頃の煮炊きや暖房などに使うエネルギー源として貴重だった。さらに草も肥料として重宝した。それも不足気味だから、それらを得るためには古墳であろうが神社であろうが、森は大いに利用されたのだろう。

どうやら古墳が緑に覆われ、神社に鎮守の森が十分に繁ったのは、化石燃料が普及してからなのだろう。つまり長くて一五〇年、多くは戦後のことなのだ。そうしてできた森を「鎮守の森」と位置づけたのは、さらに近年のことかもしれない。

何も聖域だから手をつけなかったわけではない。必要がなくなったから放置されたのに近い。するると、それまで育つ環境になかった照葉樹が伸び始めた。つまり、鎮守の森に照葉樹林が繁ってから、案外歴史が浅いことになる。

大阪府の百舌鳥《もず》・古市《ふるいち》古墳群が世界文化遺産に登録されて、かつての古墳の姿を取り戻そうと墳丘に生えた木や竹を伐採する動きがある。一方でそれを自然破壊と反対する声も上がっている。どちらを「本来の姿」とすべきかは人それぞれとしても、まずは古墳の植生の歴史をよく知ってから考えるべきだろう。

3 日本の「本物の植生」は照葉樹林？

二つの森を比べて、不思議な気持ちになった。奈良県の橿原《かしはら》神宮と、神武《じんむ》天皇陵の森である。両者は隣接しているのだが……。

橿原神宮の森は、主にカシの大木が立ち並んでいるが、その下に中低層の植生がない。地面にも草はあまり生えていない。林床は薄暗いが、遠くまで見通せる。一方、御陵（神武天皇陵）の森には、地表の草から大木までさまざまな木々・草が階層をつくって生えていて、見通しは悪く地面も見えないほどだ。

両者は、どちらも奈良県橿原市の畝傍山《うねびやま》の麓にある。そして、どちらもほぼ同時期に人がつくった森なのである。

もともと幕末に「初代天皇の御陵」の場所を定める調査が行われ、日本書紀などの記述から当時畝傍山麓にあった小さなミサンザイ古墳を比定した。別の候補地もあったのだが、さまざまな政治的理由からここに定められたのである。この古墳は田畑の中にポツンとある小さな丘だった。

やがて明治に入ると周囲の土地を買収して、近くの集落も移転させて拡張した。その際に森づくりも行われる。一八九〇年には隣に神武天皇を顕彰する神社が造営された。これが橿原神宮である。

紀元二六〇〇年（西暦一九四〇年）祭を迎えるに当たって、両者の大規模な修築・拡張が行われた。初代天皇の御陵をより立派に、そして橿原神宮を東京の明治神宮に匹敵するよう大規模な本殿と鎮守の森に造り替えることを企てたのだ。ちなみに、それまでの境内にはマツが生えている程度で、周囲の土地にもまだ田畑が広がっていた。

ここで前節でも触れた明治神宮の森を思い出してほしいのだが、一九一五年から造成が始まって約一〇〇年、見事な照葉樹林が成立している。人の手でこんな古代の「万葉の森」をつくれるのか、と驚きをもって語られる。

この森づくりは、当時東京大学教授だった本多静六が参画して、元からあったスギやマツなどを残しつつ、その間に全国から献納された落葉樹や照葉樹の苗を植えた。そしてなるべく人の手を入れずに自然に任せた。一五〇年かけて植生を遷移させれば最終的に「万葉時代の森」

橿原神宮の境内林。下生えがほとんどない

になると想定したのだ。結果として一〇〇年を経た今、すでに立派な照葉樹林に達しているが、最初からそうだったわけではない。

橿原神宮、そして神武天皇陵の拡張時にも同じことが企てられた。全国から献木を募り、勤労奉仕で森づくりが行われたのである。

ただ違ったのは、最初から「万葉の森」をつくることをめざし、照葉樹、とくにカシやシイを中心に植えたことだ。神武天皇即位の頃の植生を想像して、それに近い森を早く成立させようとしたのだろう。

さて、橿原神宮と神武天皇陵の森を見比べると、まったく違った森に見える。どう見ても御陵の方が明治神宮の森に似ている。橿原神宮は、最初に植えたカシなど照葉樹が大木になったものの、その下に草木が生えていない。おそらく照葉樹が大きく樹冠を広げたため地表が暗くなり、後継樹が生えなくなったのだろう。また林内に人が自由に入れることも影響したように思われる。

一方、御陵は最初こそカシなども植えたが、献木などによる大規模な植林はせず、また基本的に立入禁止である。そのため畝傍山などから種子が飛んでくることもあって、自然植生に近くなったのだろう。

人が、最終的な植生の森の姿を最初からつくろうとそれらの樹種を植えても、それに合った生態系を築けず、いびつになってしまう。むしろ自然の遷移に任せた方が最終的に落ち着いた豊かな森を成立させる。そんなことを如実に感じさせる両者の森だった。

なお橿原神宮は現況調査を始めており、結果次第で森に改めて手を入れて健全な森に導いていく予定だという。

人の行う森づくりで想定したとおりに進まないケースは、橿原神宮だけではない。照葉樹の森にしようと、地面剝き出しの土地に最初から照葉樹の苗を植えるケースが各地で見られている。そこには、人為が加わらずに成立した自然は照葉樹林である、それが気候や土壌などの環境に合致した「潜在自然植生」だから「本物の植生」であり、災害に強く、維持管理の手間もかからない……という発想があるようだ。

潜在自然植生という言葉は、自然環境に対して人間の干渉が完全にない状態が維持されたときに、気候、水分、地質、地形などの環境条件によって成立する植生だと定義づけられている。一九五六年にドイツの植物学者ラインホルト・チュクセンによって提唱された。いわば人類の存在しない世界に成り立つであろう想像上の植生である。言い換えると、条件つきの「未来の植生」だ。

一方で「原植生」という言葉もあり、こちらは昔その土地にあった植生である。だいたい人為がないか、あっても少なかった時代に存在していた植生。それらは土壌に含まれる花粉分析などで確認される。いわば「過去の植生」だ。「万葉の森」はこちらだろう。

たとえば日本の場合、西日本から東日本太平洋岸にかけて多くが暖帯域に入り、しかも降水量が多い。そうした地域の環境の原植生は、照葉樹林だろう。

ところが、これを潜在自然植生だとして「照葉樹林＝潜在自然植生」という図式が生まれた。そして照葉樹林を「本物の自然」だとする主張がなされたのである。これを強く唱えたのは、横浜国立大学名誉教授だった宮脇昭である。しかし、これは過去の植生と未来の植生を取り違えているのではないか。

また宮脇氏は、人がつくった森は偽物で、それが台風や地震、洪水などの際に二次災害（山崩れなど）が起こる諸悪の根源である、と主張した。土地本来の森であれば、火事や地震などの自然災害にも耐えられる能力を持つと訴えた。

そして各地で照葉樹による森づくりを進めた。東日本大震災で津波に洗われた宮城や岩手、青森の海岸に、震災瓦礫で防波堤をつくり、そこに照葉樹林をつくろうという計画が進められた。また宮脇氏の理論を採用したイオン環境財団も、照葉樹による「イオンの森」づくりを全国で進めている。

私も幾カ所か東北の海岸やイオンタウンなどの森を見て回ったが、どこも木々が健全に育っているようには見えなかった。むしろ植えられた照葉樹の横に近くの山から飛んできた種子が芽生えたと思われる草木（多くが落葉樹）があり、そちらの方が元気に生長している。

それにしても「照葉樹林こそ本物の森」という主張は滑稽だ。森に本物も偽物もない。植物は土地の環境条件にもっとも適したものが生える。そして時とともに移り変わる。その過程で植生は変化するだろう。いずれの段階の森も本物だ。そんな自然の営みに寄り添った森づくりをすべきではないか。

実は西日本にも落葉広葉樹林は多い。すべての森が照葉樹林ではないのだ。それは古代人が手を加えた（伐採や火入れなど）ためか、あるいは自然現象なのか正確に示すのは難しいが、どちらも本物の森だ。

逆に見れば、東日本、とくに東北は落葉樹林帯が原植生だろう。照葉樹を無理に植えても土地の条件に合うのかどうか怪しいし、津波に強いとも思えない。またショッピングセンターが建つような裸地に森をつくるのに、最初から照葉樹を植えるのは、植生の遷移を無視している。最終的に行き着く（かもしれない）植物を、最初に植えても現在の環境条件には適応しない。

昨今、一つの植物や動物、微生物などに注目して「この種は本物」「世界を救う」と持ち上げる傾向がある。以前はガンの特効薬になるとか、ダイエットに効果的とか健康に関した機能が多かったが、最近は放射能を除去してくれるとか二酸化炭素の吸収が早いなど環境改善に役立つ効能を売り物にする傾向が増えた。だが少し考えれば、それらの主張が馬鹿げていると気づくはずだ。

世界はそんなに単純にできていない。多くの種が相互に干渉し合って成り立つのが生態系であり、それには地域の広がりや時間の経過も絡んでいる。たった一つの種や方法に頼り、手っ取り早く問題を解決しようとする発想こそ危険だと断じておこう。

4 日本の森は開発が進み劣化した？

森林政策を立てる際に重要なのは何だろう。

森林だけではなく、あらゆる政策作成時に重要なのは、現状を示す基礎データだ。たとえば新型コロナウイルス感染症が蔓延すると、感染者数や重症者数、死亡者数、病床使用率……など数字が飛び交った。それらから今後の傾向を読み取り、今取るべき対策を策定するべきだろう。数値を軽んじて思いつきで政策を進めたら迷走する（した）。

それでは森林政策に必要な基礎データとは何か。代表的なものは、たとえば森林面積やそこに生える樹種などの植生、それに森林蓄積（樹木などの有機物の量）、そして年間生長量などになるだろう。いずれにしても日本の森林が、現在どんな状態で、今後どうなるかを推定し、それをどうすべきか目標を定めないと政策を決められないはずだ。

たとえば林野庁によると、日本の国土面積は約三七八〇万ヘクタール。そのうち森林面積が二五〇八万ヘクタールで、その約六割を占める一四七九万ヘクタールが天然林など、約四割の一〇二九万ヘクタールが人工林としている。そして二〇一七年現在の日本の森林蓄積量は、五二億四〇〇〇万立方メートルであり、前回調査時（一二年）の四九億立方メートルから三億四〇〇〇万立方メートル増加したとしている。

ただ国土面積はともかく、森林面積とか森林蓄積、生長量などの計算方法は複雑だ。なぜなら森林は生き物であり、常に変化しているからだ。放置していても育てば面積を広げ、木が太ることで蓄積も増す。あるいは伐採されたり風雨で倒れたり山崩れで森ごとなくなることだってある。それらを時々刻々と計測するのは不可能だ。ある意味、机上の計算で求めた推測値なのである。

これまでの森林の総蓄積は、森林簿（どこにどんな森林がどれだけあるかを記したデータ）と収穫表（森林の樹種と樹齢ごとの生長具合を記したデータ）を基に計算して求めていた。しかしデータの正確性には以前から疑いはあった。

そんな中、「ネイチャー」系の学術誌「サイエンティフィック・リポート」に「過少評価されている日本の森林の炭素貯蔵量」という論文が出た。新たなデータを基に詳しく計算し直したのである。

著者は、東京大学大学院農学生命科学研究科の江草智弘、熊谷朝臣《くまがいともおみ》、白石則彦の各氏。

まず使用するデータを洗い直した。これまでの森林簿はかなり前のデータを使用しており、現在はかなり変化している。しかもデータのない地域もあって、それを推測で埋めていた。収穫表も一九七〇年代に作成されたもので、現在の計画値とはずれている。

そこで全国を四キロメートルメッシュに分けて行った実測データを使うようにした。現地に足を運んで計測した数値がつくられていたのだ。今回は、主に二〇〇九年に実施されたものを使った。当然森林簿のものより精度は高い。

ただし、これは幹の体積だけだ。そこで樹木全体（枝葉や根系なども加えた量）を概算するのだが、これには二種類の計算式がある。これをBEF1およびBEF2と呼ぶ。いずれも炭素量に換算して示すが、違いは専門的すぎるので省略する。私もよくわからない。

ただどちらに当てはめても、仰天の数値が出たのである。

まず森林の総蓄積は、従来の森林簿方式では一七・五億トンという数値が出ていたが、今回の計算ではBEF1で三〇・一六億トン、BEF2では二六・九六億トン。つまり従来の数値と比べると、一・五四〜一・七二倍になったのだ。

さらに年間生長量を樹木が吸収する炭素量で示すと、森林簿方式ではヘクタール当たり〇・八四トンだったが、BEF1で一・八三トン、BEF2では一・五六トン。これを言い換えると、蓄積量では一・八六〜二・一八倍だ（誤差範囲は省く）。

この研究の元となる森林簿や炭素換算方法、さらに森林面積などの数値や単位などは変化しているうえ、推定も多く混じっている。そのため森林簿方式との正確な比較は難しいのだが、大雑把にいって日本の森林の貯めている炭素量は、従来の約一・六倍、生長量（二酸化炭素吸収速度）はざっと二倍以上という結果が導き出された。日本の森林は、これまでの想定以上に木が太り本数も増えていた。

もはや森林政策の根幹がぐらつくほどの差異ではなかろうか。林野庁も「日本の森は太り続けている」と繰り返してきたが、これほどまでとは思っていなかっただろう。地球温暖化対策でも「森林の炭素吸収量」を取り上げているが、それも一から計算し直さないといけない。ただし、日本が二酸化炭素削減計画に組み入れる森林吸収分の数値は、現存する森林の蓄積ではなく「管理された森林」（間伐を施した人工林）の面積から導き出すものだから、直接影響するのかどうかわからない。いずれにしても机上の論理だ。

一方で、この新しい計算数値をそのまま森林政策に応用することには、疑問もある。それは従来のデータでも同じだが、日本全体の森林を数字に置き換えた総量だからだ。

たしかに日本の森は、総体として生長している。森林計画も、蓄積はこれぐらいだから、年間これぐらい太る、だからこれぐらい伐ってもよい……といった考え方で成り立っている。しかし実際の伐採現場は、広く薄く森林全体を伐っているのではない。木々の樹齢、分布、地形や所有者の意向……多くの要素を勘案して決まる。たいてい伐採地は集中する。地域差も大きくて、皆伐《かいばつ》を推進している林業地と、なるべく抑えている地域がある。

近年は、各地に伐採跡地が広がるようになった。何百ヘクタールも皆伐されて、その跡地には草や低木しか生えていないところもある。そうした山では、森がなくなることで生態系が激変しているだろう。日本全体の数字では表せない森の姿だ。

ただ統計上は、伐採跡地も森林に含まれている。伐採後に再造林が行われれば再び木が育つから「森林」と見なされるのだ。また災害で山崩れを起こした山も「森林」の扱いのままだ。実際に再造林がしっかり行われたのか、植えた苗がちゃんと育っているのかも怪しい。それらも書類上の決裁で済まされる。現状では、伐採された土地で再造林されたのは三〜四割と言われている。

植えたところも本当に森が復活しているのか統計上はわからない。こうした森を人工林と同じように数字でカウントしてしまうと、実態が見えなくなる。

一方で天然林は保護指定を受けることが増えている。保安林指定のほか、森林生態系保護地域や原生自然環境保全地域、林木遺伝資源保存林……そして世界自然遺産までさまざまな名前の保護地域指定があるのだ。

ともあれデータの扱い方は慎重さを要する。とくに政策に活かす場合は、数字だけでなくより注意深く現地の状況を把握してほしい。

5 植林を始めたのは江戸時代から？

鳥取県の智頭町《ちづちょう》に「慶長杉《けいちょうすぎ》」を訪ねたことがある。

慶長杉とは、智頭の石谷家《いしたに》（現・石谷林業株式会社）が所有しているスギの木立だ。慶長年間（一五九六～一六一五年）に植えられたと伝わるので、一般に慶長杉と呼ばれる。植林された正確な年代を示す資料はないが、長く石谷家に伝承されてきた。最初は何本植えられたのかわからないが、少しずつ伐られ、また近年は台風などで倒れたものもあって、現在残るのは二四本とのこと。樹齢は、四〇〇年以上に達していることになる。

慶長杉の中でもっとも太いものは、幹回り四・二一メートル、高さ四五メートルとされる（一九八三年計測。現在はもっと太く、もっと高いはず）。

人が400年前に植えた鳥取県智頭町の慶長杉。

江戸時代の鳥取藩は、森林保護と造林奨励策を推し進めた。それが現代につながる智頭林業の始まりとされる。とくに石谷家には「伐らずが肥え」という言葉がある。つまり伐るな、伐らねば木は太る、という意味だ。もちろんまったく伐らないわけではないが、伐り急がない教えを守ったおかげで長伐期の林業が成立し、慶長杉だけでなく周辺には樹齢一〇〇年以上のスギが立ち並ぶ森となって今の時代に残されている。

スギの寿命は、屋久杉のように特殊な地域環境の中で数千年を生きるものもあるが、通常は数百年程度とされる。少なくとも二〇〇年ぐらいまでは普通に生長するようだ。その二倍だから、人が植えたとされるものとしては、慶長杉は最古級だろう。そして、まだまだ樹勢は旺盛であり、この先も生長し続けるだろう。石谷家では、次世代に引き継ぐために見学も許可制にして、多人数が入って根元の土を踏み固めないなど気をつかっている。

これと同じぐらい古い植林木は、奈良県吉野の川上村下多古《しもたこ》にある「歴史の証人」ぐらいだ。こちらは村が買い取って三七〇〇平方メートルの村有林にしたが、樹齢二六〇年から四〇〇年超のスギやヒノキが立ち並んでいる。現在残るのは、約四〇〇年生のスギが三本、三〇〇年生スギが七本、三〇〇年生ヒノキが五二本である。もっとも太いスギで幹回りが五・一五メートル以上、高さ五〇メートルである（一九九五年計測。現在はもっと太く、もっと高いはず）。

吉野には、ほかにも樹齢三〇〇年前後のスギ林が各所に残されている。本数で言えば数千本になるのではないか。そもそも植林を日本で最初に行った地は吉野とされる。文亀年間（一五〇一〜〇三年）に川上村に初めて植えたとする記録がある。ざっと五〇〇年前だ。これが（植えて育てて収穫する）育成林業の始まりとされる。

ほかに静岡県浜松市天竜区春野町《はるのちょう》の秋葉《あきは》神社の境内には、文明年間（一四六九〜八七年）に植林した記録のあるスギ林がある。これは神社の鎮守の森として植えられたのだろうが、建材の育成も念頭にあったはずだ。ただ最初に植えられたスギは、現在残っていないようだ。

いずれにしろ四〇〇年も前に人が植えた木が現在も残されているのは、世界的にも珍しいだろう。人が伐らなくても、強風で倒れたり、雷に打たれたり、病虫害で枯れることが多い。

巨樹と面と向かうと自然の偉大さを感じるものだが、私は樹齢ではなく、人が木を守り続けてきた歳月に心打たれる。とくに感じるのは、慶長杉にしろ「歴史の証人」にしろ、巨樹の存在する人工林は管理が行き届き、地表まで光が差し込んで明るく爽やかなことである。このような森は、水源涵養機能や土壌流出防止機能、そして生物多様性など多くの公益的機能が非常に高いだろう。決して老木として衰えていないのだ。

ところで、人が木を植えて育て始めたのはいつ頃だろうか。

万葉集には、次のような歌が詠まれていた。

古《いにしえ》の人の植ゑけむ杉が枝《え》に霞たなびく春は来ぬらし

万葉集は七世紀後半から八世紀後半までの長い時間をかけて編纂されたが、その時代に「古の人」というのだから、スギが植えられたのはさらに昔だろう。しかも枝に霞がたなびくほど成長しているとは、相当な巨木である。樹齢を巨木に多い一五〇〇年から二〇〇〇年と想定すると、少なくとも六世紀ぐらいに植えられたと想定できるのではないか。ただ詠み人が、どうして人が植えた木だと判断したのかはわからない。

なお日本書紀（七二〇年成立）にも、スサノオの子イソタケルが木の種を蒔いたという神話が記されている。これも植林に近いとしたら、どうやら日本人は、相当古くから木を植えるという行為を行っていたらしい。

当時の人間の平均寿命は二〇～三〇歳だとされるから、植えた苗が大きく育った樹木の姿はまず見られない。木材を収穫することを目的とはしなかったのかもしれない。では、なぜ植えたのか。別の目的、たとえば防災目的なども考えられるが、むしろ実利的な理由よりも、木を植えることを神聖な行為としたのかも、とも思うのである。

慶長杉を含む智頭町の林業景観は、「国の重要文化的景観」に選定された。川上村の「歴史の証人」は、国が選定する「日本遺産」、そして日本森林学会の「林業遺産」に選ばれている。ほかに文化庁の「ふるさと文化財の森」にもなった。

もはや林業から離れて、「木を植える」という行為が、人間にとって持つ意味に思いを馳せたい。目先の損得だけで伐採を急がず、先人の思いを大切にすべきだろう。

6 生物多様性は安定した環境で高まる？

問題。日本の森林には何本の木が生えていて、何種類の植物が存在するか。

日本の国土面積は、三七万七九七四平方キロメートル。地球の陸地面積の〇・二五％にすぎない。そんな国土に生えている維管束植物（種子植物とシダ植物。一般に高等植物とされるもの）の種数は、約五六〇〇種ある。

世界全体の維管束植物の推定種数は約二五万種だが、北アメリカ北東部で二八〇〇種、同じ温帯の島国ニュージーランドで約一九〇〇種だ。やはり日本の植物相は非常に多様性に富んでいると言えるだろう（平成七年版「環境白書」より）。

琉球大学の久保田康裕教授の研究によると、このうち樹木の種類は約一二〇〇種としている。

本数としては約二一〇億本。これは天然林の数値だ。人工林を加えたら、樹種数はさして変わらない（天然に生えていず、人為的に植えた樹種はわずか）だろうが、本数はどれぐらいに達するか。単純に人工林面積を天然林面積の六割として計算すると一二六億本になる。合わせると三三六億本。これが実際の数値にどこまで近いかわからないが、やはり日本列島には膨大な樹木が生えていることが感じられる。

この研究では、（天然林の）個体数ランキングもつけている。それによると、一位はヒサカキ。二位イタヤカエデ。三位ヤマウルシ、四位クロモジ、五位ミズナラ、六位イヌツゲ、七位リョウブ、八位テイカカズラ、九位アオキ、一〇位コシアブラ……となっている。

なんとなく、意外感のあるランキングだ。たとえばヒサカキ自体は山でよく見かける木だが、目立たない地味な樹木だから、数が一番とは思わなかった。ヤマウルシの多さにも驚くし、アオキよりミズナラが多いというのも意外。こうした感覚は、身近な山の位置する地域によるのだろう。ヒサカキやアオキなどは照葉樹だから西日本に多い。逆にミズナラは東北に多い樹種だが、西日本ではコナラなどに取って代わられ、あまり目にしない。

ヨーロッパの面積（旧ソ連邦を除く）は日本の約一四倍だが、自生する維管束植物は、二〇〇〇種に届くかどうか。そして樹木の種数となると、おそらく一〇〇種ぐらいにすぎない。スイス、つまり中央ヨーロッパでは、低木を入れても五〇種に満たないと聞いた。

ヨーロッパの植生に生物多様性が低い理由は、氷河期があったからだ。アルプス以北は幾度も氷に包まれていた時代があり、植物の多くが絶滅したのである。そして今も基本的には冷涼乾燥な気候だから、湿潤温暖な日本のように草木が繁ることもない。一方で地中海地方は、冬に降雨があるものの、夏は暑く乾燥する。土壌は石灰岩性の貧栄養土で、あまり植物の生育には適していない。

このように見ると、日本の森の豊かさ、生物多様性の高さを実感する。種数だけでなく、量的にも同程度の国土を持つ国と比べて抜きん出ているのではないか。日本列島は地球上の(生物上の)ホットスポットだと言ってもよいだろう。

植物だけではなく、地球上には生物が何種類あるのか。そして、なぜ生物に多くの種があり多様性が生まれたのか。そんな疑問を持ったことはないだろうか。

気候変動が世界的な注目を集めているが、実は同時に生物多様性の危機も訴えられている。国際社会では、気候変動枠組条約締約国会議とともに生物多様性条約締約国会議も開かれて、両者は親和性が高いため一体として議論されているのだ。

地球上の生物の種数は、よくわかっていない。研究者によって大きく推定は変わるのだ。比較的最近まで、すでに確認されているのが約一七五万種だから、未知のものも含めてざっと五〇〇万種ぐらいではないかと推定されていた。ところが、熱帯雨林の調査であまりに大量の新種が見つかることから今では三〇〇〇万種とする人もいれば一億種を超えるのではないかと推測する声もある。

　幅が広くて推定にもなっていないが、少なくとも多様な生物の多くが森林、なかでも熱帯雨林に生息するとされている。しかも多いのは昆虫だそうだ。東南アジアや中南米、中央アフリカの熱帯雨林で新種が続々と発見されており、地球上でもっとも生物多様性が高いのが熱帯雨林なのは間違いないだろう。

　一体何が生物多様性をもたらすのか。

　生物の進化の過程では、遺伝子の変異が起きて新たな種が生まれる。しかし生存競争によって滅んでいく種もある。むしろ誕生した新種のほとんどが絶滅すると言ってよい。わずかな種が生き残り、その後繁栄するのが進化なのだ。これが「適者生存」の法則である。

　そこで生物種が多様になった理由を探ると、仮説だけでも何十とある。

　わかりやすいのは、生物にとって生存しやすく安定した環境があると「絶滅」が少ないとする説だ。新種が生まれても生き残れるし、それが時間とともに積み重なって増える。森林の中でも熱帯雨林はその最たるもの。生存に必要な水と温度が十分にあるからだ。

　しかし、近年は否定的だ。安定した環境が長く続くと同じ種が定着し、新たな種が入り込みにくいと考えられ始めた。また安定した空間は、相対的に環境の違いが少なくて棲み分けしにくい。すると生存競争が起きやすく、敗れて消える種も多いという。

逆に有力とされてきたのは「中規模攪乱説」だ。簡単に言えば、自然が適度に攪乱される、安定した状態を壊されることで多くの種が生まれた、とする。攪乱によって環境条件が細かく分かれる状態になると、新たな種が自分の棲みやすい場所を確保して生き残る確率が高いという考え方だ。言葉を変えると環境破壊が続いた方が生物は多様になる。

森林は思う以上に変化が激しい。私も定点観測的に通っている森があるが、次々と姿を変える。季節の変化はもちろん、生えている草木も数年で移り変わる。樹木が生長すると枝葉を広げて地表は暗くなる。風で木が倒れたら、そこに光が差し込むし、根が返って表土がめくれ上がり土壌が変わる。水たまりができることもある。

熱帯雨林に分け入った時は、頻繁に倒木の音が響くことに驚いた。雨期に水没する森もあれば氾濫した川からの土砂で埋まることもある。広く見れば森林として長く続いている環境でも、その中で常に変化を繰り返している。

もちろん木を根こそぎ伐るとか、土壌を削り取ってしまうような大規模攪乱は別だ。それこそ自然破壊である。また大規模な火山噴火で火山灰や溶岩に覆われたら、生物は当分住めない。しかし、中小規模の攪乱なら……一本の木が枯れて倒れる、小川の流路が変わって水浸しになったり水が枯れたりするところもできる、土砂の流出が起きる……そんな環境破壊だったら、それぞれの場所に適応する種が定着するのではないか。

もちろん攪乱が起きるのは森林だけでなく、海浜や草原までさまざまな環境で起きるのだろう。東日本大震災で起きた津波で流された跡地のように、従来の植生が破壊されたことで、新しい草木が生え始めた沿岸部もある。

この「攪乱こそが生物多様性をつくった」仮説に当てはめると、日本列島は面積のわりに地形が複雑で、高山あり低湿地あり、海岸線も入り組んでいる。そして気候は全体に湿潤温暖で植物の生育に適している。また南北に長く亜寒帯から亜熱帯まで幅広い。それらに加えて火山が多く、度重なる噴火と地震、台風の来襲、津波に高潮、山崩れの多発……これらは自然の攪乱要素だ。

付け加えれば、里山で行われる人の営みも、中規模攪乱だろう。雑木林は定期的に伐採される。下草は刈り取られる。農地は耕される。小川など水路も定期的に堆積した泥をすくい取ったり、ため池の水を全部抜く。こうした行為が多様な草木のほか昆虫や鳥獣の生息環境をつくってきた（ちなみに里山は人が手を加えて成立するものだから、長くても一万年程度しか経っていない。新種が誕生し定着するには短すぎるが、広範囲の地域に生息していた生き物が里山という箱庭のような空間に集まってくるから生物多様性が高くなったと理解したい）。

最近は、河川は溢れないようにダムや堤防が築かれ、山の斜面も崩れないようコンクリートで固められる。里山でも耕作放棄地が増え、雑木林を定期的に伐採することも少なくなった。

そうした人為は、地球全体の生物多様性にとってよいことなのかどうか。攪乱の縮小によって棲息地を奪われている生き物もいるかもしれない。環境が変化しないことは、生物にとって良いこととは言えないようだ。

7 草原は森より生物多様性は低い？

人は、本当に森が好きだろうか。日本人が好きな景観を調べたアンケートによると、森林よりも草原景観の方が人気があった。たしかに草原は見通しがよいので心地よい。ただ生態系としては、立体的で複雑な森林より平面的な草原は劣るように思えてしまう。

日本の森林率は七割近い。では草原の面積はどれほどあるか？　そして草原のつくる生態系とはいかなるものか。

日本全体の草原面積は、四国より広く国土の五％強（国立環境研究所）。四国四県の面積は一八八万ヘクタールだから、それより草原は広いのか。

ただし、この場合の草原の定義は、樹木がなく草が多い土地のことを指す。だから湿原や泥炭地なども含まれる広義の草原だろう。はげ山と呼ばれる地だって、完全な裸地は少なく、短い草に覆われている土地は多い。

一方で農林水産大臣官房統計部の数字（二〇一一年）では、森林以外の草の生えている土地を、約三九万ヘクタールとしており、国土の一％強だ。ここには原野と採草放牧地を含める。つまり自然植生として草や低木しか生えない土地と、人間が草地として維持してきた土地だ。こちらは狭義の草原だろうか。

草と樹木を比べると、樹木のある森林の方がより立体的で複雑な生態系を持つ。だから森林は生物多様性も高く炭素の貯蔵も多いと考えてしまう。

だが、必ずしもそうではないらしい。最新研究では、草原は熱帯雨林より植物の多様性が高い、という結果を出している。アメリカのノースカロライナ大学チャペルヒル校のロバート・ピート博士は、単位面積によって植物の種数、とくに高等な維管束植物の数は変わることを示した。

森林に生える植物数では、一ヘクタールあたり九四二種が確認されたエクアドルの熱帯雨林が一番だ。一〇メートル四方では、コスタリカの熱帯雨林で二三三種確認したという記録もある。しかし維管束植物に絞ると、森林か否かは重要ではなくなる。

チェコの草原では、七メートル四方の範囲に一三一種が確認されて、世界最高記録となった。一メートル四方では、八九種が生息していたアルゼンチンの草原が一番になる。さらに〇・一

草原は意外と生長量も生物多様性も高い

平方メートルに限定すると、ルーマニアの草原の四三種が最高だ。

東ヨーロッパや南米の草原は特別に種が多いというわけではなく調査された中での記録だろうが、条件さえ整えば狭い面積にシダ植物や草《そう》本《ほん》系の種子植物が森林に負けず劣らず多く繁ることが可能なのだ。そして「五〇平方メートル未満の範囲なら、植物の種類が最も多いのは草原」と結論づけている。

面白いのは、肥沃な土壌の土地では、種類が多くないという指摘だ。十分に肥料が施されると、豊かな栄養分をわずかな植物種が独占し、ほかの種を締め出した。逆に土地が痩せていると生長量は少なくなるが、その代わりに多数の植物種が小さな範囲に密集する。また牧草地などで草が刈り取られると、牧草以外の多くの種類が生育したという。

森林を破壊したら生物多様性は下がると思いがちだが、その跡地が草原化すると、多様な草やシダが生えることで植物の数は増えることもある。また草を餌とする多くの昆虫や草食鳥獣を集めやすい。それらを餌とする雑食・肉食性動物も集まってくるだろう。

生物多様性という点では、草原は森林に勝るかもしれない。しかも樹木の幹のような光合成をしない部分の割合が少なく、葉の面積が相対的に広い草は、光合成による有機物の生産力も高い。草原が生態系として貧弱というわけではないのだ。

草原は、有機物の蓄積、つまり炭素量も想像以上に高いことがわかってきた。

日本の場合、高山や湿地の草原では、気温が低いこともあって土壌炭素の分解速度や植物の呼吸速度も相対的に遅い。そのため炭素蓄積量が大きくなる。枯れた草がなかなか分解せずに腐葉土や泥炭のようになって溜まっているのだ。

とくに日本の草原は、馬鹿にならない量の炭素を蓄えている。最近の研究では、一平方メートル・地下三〇センチまでの土壌における平均土壌有機炭素量は一一・四キログラムだった。たとえば中国草原では五・三キロ、ロシア草原で一〇・一キロだから、世界と比べても日本は非常に多いのだ。

現在の日本に草原は少ない（狭義の草原で約三九万ヘクタール、国土の一％強）と冒頭に紹介したが、これは最近の話だ。日本で最初の草原に関する統計は一八八四年にあり、原野面積は一三二〇万ヘクタールという数字が推定されている。なお一八八三年の大日本山林会報告では、山野（原野と同義と思われる）を約一三六〇万ヘクタール、森林は約一六七〇万ヘクタールとしている。原野、もしくは山野には裸地も含むから単純に草原面積と比較できないが、森林面積の八割にもなった。森林も、生えている木々は密ではなく、疎林が多かったようだ。このように定義が違うので明確な数字は出せないが、現在とは比較にならないほど草原は広かったと想像できる。

実際、明治時代の風景写真を見ると、驚くほどはげ山や原野が広がっている。多摩の山々を歩く人々の写真など、まるで中央アジアの遊牧民のようだ。戦前まで山では焼き畑が行われ、エネルギー源として木々は常時伐られていたからだろう。

ところが戦後になって急激に草原（原野）は減っていく。一つには草原に植林が行われたためだが、それ以上に人為が加わらなくなったことも大きい。すると自然に樹木が生えてくる。化石燃料と化学肥料の普及が放置を後押ししたのだ。かくして日本の草原は急速に失われたのである。

IV

フェイクに化ける里山の自然

身近な自然と外来生物の常識

日本は古代より開発を進め、人が居住する街をつくってきた。また郊外の自然を人の手によって作り替えて里山と呼ぶ地域にした。そこには独特の自然が広がっている。

都市部には各所に公園などの緑地が設けられ、さまざまな花木や草花が植えられている。なかでもサクラは古くから日本人の心象のシンボルだ。また広い道路沿いには、街路樹が植えられた。そんな小さな緑と花でも、人々の心を癒やす効果はある。

郊外に目を移すと、人が手を入れた田園や雑木林が広がり、美しいと感じる風景を生み出してきた。たとえば春の河川敷は一面に菜の花が黄色い花を咲かせる。秋には田畑や道端などに赤くヒガンバナが咲き誇る。そんな日本の原

風景が守られている。

　ただ問題も多い。その一つが、生物多様性の危機だ。それぞれの地域には固有の動植物が生息しているが、それらの多くが絶滅の危機に瀕している。その理由の一つに「外来種」の跋扈《ばっこ》がある。日本在来の動植物ではなく、海外から人為的に持ち込まれた動植物が日本国内で繁殖し増えているのだ。これらの外来種は生活力が旺盛で繁殖力も強いため、日本のひ弱な草花や動物の生活圏、そして餌を奪い絶滅に追いやりつつある。

　よく知られているブラックバスやアライグマといった魚類や動物だけでなく、養蜂に使われるセイヨウミツバチも外来種だ。セイタカアワダチソウやセイヨウタンポポも勢力を広げて在来の草花を駆逐しつつある。

　だから外来種は、できる限り駆除しなければならない。さもないと日本固有の動植物が姿を消して、日本の自然を変えてしまうだろう。

異論あり

花が咲いても種はできない！
日本の原風景を外来種がつくる！
養蜂が野の自然を守っていた！
争わない外来種と在来種もある
……ｅｔｃ．

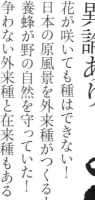

1 ソメイヨシノにサクランボは実るか？

人は花が好きだ。なかでも日本人にサクラ好きは多い。サクラの中でもソメイヨシノ。今や全国に植えられているサクラの七〜八割はソメイヨシノだ。葉が開く前に一斉に花が咲き樹全体を覆うこと、そして一斉に散ることなどが、ソメイヨシノの特徴だ。

このソメイヨシノの素性に詳しい人は意外と少ない。たとえば、花が散った後にできるはずの実、いわゆるサクランボを見た人はいるだろうか。いたら、自慢できるかもしれない。なぜならソメイヨシノは、本来サクランボが実らないからである。

その前にサクラの種類と、ソメイヨシノの誕生について紹介しておこう。

サクラは植物学上、バラ科サクラ亜科サクラ属の落葉広葉樹。北半球の温帯に広く分布しているが、とくに日本列島を中心に非常に多くのサクラが存在する。

野生種のサクラは、ヤマザクラをはじめとしてカスミザクラ、エドヒガン、オオシマザクラなどだ。二〇一八年に新種のクマノザクラが確認されて、日本では一〇種となった。それに、中国原産だが古くから日本（主に沖縄）にも自生しているカンヒザクラも入れると一一種になる。それらを元に人間がつくった品種は、三〇〇以上あるそうだ。分類方法によっては六〇〇種にもなる。ソメイヨシノは、その一つである。

ソメイヨシノは、江戸の染井村で一七三〇年ごろに誕生したとされる。ヨシノとはサクラの別称だ。ソメイヨシノの親木は、オオシマザクラとエドヒガンだとされているが、両者を掛け合わせたらソメイヨシノが生まれるわけではない。遺伝子解析によると、エドヒガン四七％、オオシマザクラ三七％、ヤマザクラ一一％、不明五％だったという。複雑な遺伝子の組み合わせの偶然と突然変異が生じて誕生したのだろう。

その最初の一本と思われる原木が、上野公園の表門に近い「小松宮彰仁親王像《こまつのみやあきひと》」の北側で発見されている。見つけたのは、千葉大学の中村郁郎《いくお》教授の研究チーム。

そこにはソメイヨシノ以外に、コマツオトメとエドヒガン系の五本があった。規則正しく並んで植えられているし、親木が同じなのに各サクラの種類が違うので、新品種を作り出そうとしていたと想像される。この一本には、接ぎ木用の枝を採取し続けた痕がある。だからソメイヨシノの「最初の一本」だったと推測されるのだ。

ここで重要なのは、ソメイヨシノはすべて挿し木苗および接ぎ木で増やされてきたということ。つまり各地に植えられるソメイヨシノは、同じ遺伝子を持つクローンなのである。そのため気象条件が同じなら一斉に咲きやすい。それが同一地域の一斉開花につながる。開花する土地を予想できるから、桜前線という言葉も生まれた。

なぜクローンかと言うとサクラは「自家不和合性」を持つからである。これは同じ木の花の雄しべと雌しべでは実らないという植物の性質だ。そして誕生したソメイヨシノはたった一本。偶然のように生まれたのだ。だから挿し木・接ぎ木で増やさざるを得ない。ソメイヨシノは、どんなに別の所に生えていても、遺伝子的には同じ。だから実らず、種子を採りたくても採れない。ソメイヨシノの種子は存在しない。

そんな植物は、ほかにもある。たとえば秋の風物詩ヒガンバナもそうだ。すっかり日本の田園風景に溶け込んでいるように思うが、種子は実らない。

ヒガンバナは中国原産だ。鱗茎《りんけい》に毒があるため畦《あぜ》に植えるとミミズが寄りつかず、モグラが穴を掘らない（田んぼの水が抜けない）から持ち込まれたと伝わる。ちなみに鱗茎にはデンプンが豊富に含まれるので、飢饉の際の救荒作物にもなる。すりおろして流水にさらせば毒は抜ける。そのため盛んに植えられたとも言われる。

このヒガンバナの染色体は、三倍体だ。遺伝子のセットである染色体は、両親双方から受け継ぐため通常は二倍体になる。ところがたまたま生まれた三倍体植物は、染色体が分裂できないので交配もできず、種子もならない。おそらく中国から持ち帰った最初の一株が、三倍体だったのだろう。だから繁殖は、栄養生殖つまりクローンでしか行えない。だから増やし方は、人の手で株分けすることだった。

もう一つ、メキシコ原産のゲッカビジン（月下美人）も、自家不和合性が強い。そして日本にあるものは、すべて栄養生殖で増やした同一遺伝子だった。あの強烈な香りの花が夕べに咲いても、種子が実ることはない。おそらく最初に持ち込んだ一株から増やされたのだろう。ただし、現在は原産地から別の株が持ち込まれたので、それを交配させると容易に種子を採取できるそうだ。

このように人の力（挿し木など）がないと増えることができない植物は意外と多い。

さて、ここでちゃぶ台返しだ。ソメイヨシノの木にサクランボが実ることは、本当にないだろうか。実は私も近所の公園でたまに見つける。自家不和合性の植物だと種子をつくらないと語っておきながら、ソメイヨシノにもサクランボが実っているのを見つける。

ただし、かなり小さめ。私の見たのは、直径がせいぜい数ミリである。色は赤いものもあったが、濃い紫っぽいものが多い。せっかくだから味わってみるといい。しぶくて食べられたもんじゃない……。

なぜ受粉できないのにサクランボができるのか。理由は二つ考えられる。

ソメイヨシノに実ったサクランボ。おそらく雑種である

まず一つ目は、ソメイヨシノ以外のサクラの花粉を受粉したからだ。たとえば近くの山にヤマザクラがあれば、その花粉が飛んできて、ソメイヨシノに付いたのだろう。もともとサクラは雑種ができやすい。だからソメイヨシノだけでなく、さまざまな品種のサクラを植えているところ、あるいは近くの山に天然のヤマザクラなどが生えているところでは、ソメイヨシノにもサクランボができる可能性は高くなる。おそらくソメイヨシノの花粉も山に飛んで、そこに生えるヤマザクラなどに受粉させているだろう。

このサクランボを採取して育ててもソメイヨシノにはならない。芽が出ないわけではないが、雑種として別の形質を示すはずだ。

そして、もう一つ。「枝変わり」という現象もある。同じソメイヨシノの樹なのに、枝によって色や形の違う花を咲かせるケースだ。細胞分裂を起こす枝の生長点で突然変異を起こしたのだろう。この現象はさまざまな植物で見られるが、ソメイヨシノは比較的多いらしい。

植物学の大家・牧野富太郎博士もソメイヨシノの枝変わりを発見して報告している。本体とは違った花を咲かせた枝を切り取って挿し木（もしくは接ぎ木）に成功すれば、もしかすると、新たなサクラの品種が誕生するかもしれない。

そのうち枝変わりから一斉開花しないソメイヨシノ、真っ赤な花のソメイヨシノ、なかなか散らないソメイヨシノ……といった品種が生み出されるかもしれない。あるいはヤマザクラの中から、年中花を咲かせるサクラが生まれたら……それはそれで面白い。

2 外来草花が日本の自然を侵食する？

見た目は同じなのに、どこか違う。小さな違和感が拭えない……そんな生き物が増殖していると聞いたらどう思うだろうか。

身の回りの人間が、どこか違う人に変わった……昔のSFにそんなテーマがよくあった。古典的作品はジャック・フィニイの『盗まれた街』だろう。いわゆる「静かな侵略」がテーマである。宇宙人が大挙して襲来、といった目立つ形ではなく、ひっそりと人類に置き換わっていく侵略。気がつけば、周りはみんな侵略者に入れ代わってしまっている……。もちろんフィクションだ。

だが、それとよく似たことが身の回りで起きている。

昨今騒がれている外来生物。これは別種としての侵入だ。外国から持ち込まれた別種が、日本の在来種を駆逐する現象である。種は違っても、生活場所や餌（栄養）などが重なっているため取り合いとなり、在来種が隅に追いやられ外来種が勝ち抜くパターンが多い。

ところが、より似通った種の侵入もある。たとえば植物の種は、花の形や葉のつき方などで同定するのだが、それらを厳密に調べると、在来の植物と同じ。だから同種としなくてはならないのだが、「どこか違う」草花が増えているのだという。

「目立つのは、エノコログサやヨモギなど。メヒシバなども多くが別物と入れ代わるか、在来種と交雑が進んでいます」

と指摘するのは、雑草学が専門の伊藤操子《みさこ》京都大学名誉教授。近年は、同じ種類の草なのに性格の違う「別物」に置き換わりつつあることに気づいたという。

たとえばエノコログサは、ふさふさした穂が特徴で、どこでも見かける昔から日本に生えている在来の雑草だ。ところが、穂の形状や大きさなど細かな点で違っている個体が増えているそうだ。ヨモギも、その葉の放つ芳香がきついものがあるらしい。

といっても、この「どこか違う」個体と従来のエノコログサやヨモギが交配したら、ちゃんと実を結ぶ。交配種同士も子孫をつくる。その点では、同種なのだ。危険視される外来種とは分けて考えねばならない。

一体、何が違うのか？

伊藤さんによると、これらはアメリカや中国など外国産だという。種としては同じエノコログサやヨモギでも、遺伝子が微妙に違っているのだろう。元は同種だったが、遠い昔に生育地域が離れて代を重ねているうちに、遺伝子の変異が積み重なっていく。つまり種としての変異も拡大していくのだ。形態が変わった場合はまだ区別がつくが、そうでない遺伝子レベルの差異だと見た目は変わらない。だが、どこか違う……。

匂いが違うのは分泌物に違いが出たからかもしれないし、気候への適応度や繁殖力、病害虫耐性に差がついているからかもしれない。

その多くは、輸入される飼料などに混じって日本に持ち込まれたらしい。それが家畜の糞とともに排出・散布される。あるいは土留《どど》め用として土木工事現場などに散布される種子にも混じっている。

面倒なのは、これらが法的には在来種と同じ扱いになることだ。特定外来生物なら輸入禁止対象だし、そうでなくても別種なら注意が払われるのだが、「同種」扱いなのだ。

人類だって地球上に拡散して、微妙に変わった。白人も黒人もいる。白人の中にも鼻の高い低いもあれば、金髪もいれば黒髪もいる。骨格・体格に微妙な差が出ることもある。しかし、みんなホモ・サピエンスという同種だ。子どもをもうけることもできる。

こうした変異は、日本国内でも草木や昆虫、魚類などで見られる。地域変異という言い方もするが、同種でも棲む場所によって形態や生態に違いが出る。だから九州のホタルを関東で放してはいけない、と言われるのだ。

それに近い存在として、園芸品種がある。

散歩していて、野にさまざまな花が咲いているのを見かけるが、その中の小さな青い花を観察してみると、なんだか野の花としては、ちょっと不自然に感じた。

ムスカリだった。公園の花壇などでよく見かける草花だ。南西アジアから地中海地方が原産で、日本には園芸種が持ち込まれたらしい。つまり外来種で、しかも園芸用に品種改良されたものなのだ。それが野生化していた。

ほかにも見かけた草花を次々と調べてみると、結構な割合で外来種であり、人為的に持ち込まれた園芸品種であるものが多かった。

なんとなく人間が改良した園芸用の草花は、人が世話をしないとちゃんと育たないというイメージがあり、野生化しにくいように思いがちだが、なかには日本の風土に適合して、在来種を蹴散らして繁殖する種も少なくない。

たとえばシソ科のミントにはペパーミント、スペアミントなど品種は多いが、旺盛な繁殖力で野生化しがちだ。ほかにもハナトラノオ、カラミンサ、オキザリス……いかにも花壇に似合いそうな草花が野に生えている。葉が青みを帯び金属的な光沢のあるコンテリクラマゴケも外来の園芸種なのだが、山林内で繁っているのを見つけたことがある。

紫の花を咲かせるショウブは在来種だが、黄色の花を咲かせるキショウブはヨーロッパから西アジア原産の園芸種。日本原産のホトトギスから海外で園芸用に品種改良されたタイワンホトトギスも、日本で野生化した。ほかにも湖沼の水面を埋め尽くすボタンウキクサやホテイアオイ、オオフサモ……。

園芸種の野生化というだけならまだしも、もし繁殖力が強くて在来種を押し退けるように増えたら、それは自然界の危機となる。オオキンケイギクやオオハンゴウソウなども、花がきれいだと持ち込まれた外来園芸種だが、その猛烈な繁殖力から今では環境に悪影響をもたらす特定外来生物に指定され駆除対象になっている。

静かに広がっている「外来同種」の進出と園芸品種の野生化。改めて、種とは何か、外来と在来の境はどこに設けるのか、と考えさせられる。

3 堤防に咲く花は、遺伝子組み換え植物？

堤防や河川敷は、町の中では貴重な自然の広がる空間だ。広々していて散歩すると気持ちいい。私も、地元の大和川《やまとがわ》のほとりを歩くことがあるが、さまざまな草花が生えている。これらを見るのも楽しい。だが、その花の中には考え込ませるものもある。

春に目立つ花は、菜の花だ。ところによっては河川敷を埋めつくして黄色い絨毯模様の景色が広がるのだが、なぜ河川敷に菜の花が咲き乱れるのだろう。

菜の花と呼ぶのはアブラナ科アブラナ属の花全体で、アブラナ、カラシナ、カブ、ハクサイ、キャベツ、ブロッコリー……と広く指す。ちなみに菜花（ナバナ）と記すと、主として若芽を食する野菜だが、こちらも一種類ではなく、幅広い種が栽培されている。

ただし河川敷に生える菜の花のほとんどは、セイヨウアブラナ、セイヨウカラシナのようだ。そして河川敷に菜の花が生えだしたのは、そんなに昔ではなく、一九六〇〜七〇年代に広がったらしい。わりと最近の景観だった。

なぜ、この時代に急に菜の花が河川敷に広がったのだろうか。

もともとアブラナは種子から油を、カラシナなどは芥子《からし》を得るために栽培されてきた。江戸時代から菜の花の種子（ナタネ）は一大農作物だったのである。当時は食用より灯用が多かった。ただ明治になると、栽培されるのは在来のアブラナより多く油の採れるセイヨウアブラナに取って代わった。昭和に入ると、ほとんど西洋種になったようだ。

しかし戦後は、わざわざ栽培して種子を採取することはほぼなくなった。最初から種子を輸入した方が安く油を生産できるからである。現在では、主にカナダなどからの輸入が多い。食用油の原料として年間二〇〇万トン以上の種子を輸入している。

河川敷に群生する菜の花は、ほとんど外来種

栽培されなくなった時期から、各地の河川敷・堤防に菜の花畑が登場した。栽培されなくなった菜の花が放棄される過程で種子が河川沿いに拡散したと想像できるだろう。皮肉にも菜の

花の栽培を止めると、野生化が進んだのだ。

それを助けたのが、堤防の草刈りらしい。主に春秋に二度三度と行う草刈りによって、菜の花のライバルが取り除かれ、早春にほかの草よりいち早く生長する菜の花が繁茂するきっかけがつくられたというのだ。また、刈った草を現地に残すと土を肥やす。アブラナ科植物は富栄養化した土地を好むので条件が合ったのだろう。

また最近は、自治体などが河川敷や休耕田に菜の花畑の景観を作り出そうと種子を散布する地域もあるようだ。菜の花が春の景観を作り出すのならありがたいじゃないか、と思わぬでもない。だが、実はやっかいな問題が起きている。

まず、自然界で繁茂している菜の花のほとんどが外来種であり、雑種化が進んでいることだ。アブラナ科は、自然界でも異種間交配しやすいらしく、たとえばアブラナとセイヨウアブラナ、さらにカラシナの雑種が生まれて、形態だけで区別するのは難しくなっている。

さらに問題なのは、セイヨウアブラナは遺伝子組み換えを行っている可能性があることだ。カナダでは農薬に抵抗性のある遺伝子組み換え品種が普通に栽培されていて、その種子が日本に輸入されているのだ。世代交代ごとに形質をどれだけ受け継ぐかは不明だが、在来種とも交雑して遺伝的な拡散が起きる。ほかの遺伝子組み換え植物（ダイズやトウモロコシなど）と異なって、野生化が容易なだけにやっかいな状況にある。遺伝子汚染は深く静かに進行している。

もう一つ堤防や河川敷で気になる草花がある。菜の花が終わりを迎えた頃に、紫の花を咲かせる植物だ。こちらは河川敷以外に野山や農地周辺などでも目立ちだした。

近づいて観察すると、葉の形からマメ科植物だとわかったが、花に覚えがない。マメ科の野の花と言えばカラスノエンドウを思い出すが、花穂《かすい》の形は全然違う。それがヘアリーベッチだと気づいたのは少し後だ。

ヘアリーベッチ、和名ビロードクサフジである。ただ近縁種スムーズベッチ（ナヨクサフジ）も含めて総称しているところがあるので、正確な種名は不明だが、いずれにしても外来種だ。ここではひっくるめてヘアリーベッチとしておく。

気になって、各地をチェックしてみた。すると地元の大和川だけでなく、支流の竜田川《たつたがわ》や富《とみ》雄川《おがわ》沿いにも、繁茂しているところが多くあった。川沿いに多いが、ときおり公園緑地などでも見かける。捨てられたプランターから繁殖した痕跡もあった。どうやら人が種子をばら撒いたらしい。それが増水などで下流へと広がったのだろうか。ネットで検索すると、ヘアリーベッチが全国の河川敷や野原に広がっている様子が浮かび上がる。

ヘアリーベッチの野生化……ちょっと複雑な気持ちになる。

というのも、ヘアリーベッチはなかなか有用な植物だと思っていたからだ。それに私も、食生活でお世話になっていた。我が家ではヘアリーベッチのハチミツを愛用している。レンゲ蜜に似たくせのない爽やかな蜜で、お気に入りだ。このハチミツ、もしかして大和川などに生えたヘアリーベッチからミツバチが集めたのかもしれない。

ヘアリーベッチは西アジアからヨーロッパに自生する、つる性の越年性草本である。秋、もしくは早春に種子を散布すると、二カ月程度で繁茂し花を咲かせる。あまり土質を選ばず、耐寒性も強い。茎は二メートル以上伸びるが、地面を這うので高さは数十センチ程度だ。だからあまり「草ぼうぼう」の光景にはならない。

マメ科ならではの根粒《こんりゅう》バクテリアを持ち、空中の窒素を固定する能力があり、土壌を肥沃化する。だから水田の作付け前にヘアリーベッチ栽培が推奨される。花が咲き終わった頃に土にすき込むと分解して施肥効果が高まるのだ。

これまでレンゲ（ゲンゲ）が同じ役割を

近年、各地で繁殖するヘアリーベッチ。紫の花を咲かせる

担っていた。しかしアルファルファタコゾウムシという外来の害虫によって花を食われる被害が広がり、レンゲ栽培は減少している。ヘアリーベッチはその代役だ。害虫にやられず、蜜もレンゲ以上に採れるからだ。

さらに雑草を寄せつけない力があることも注目される理由だ。ほかの植物の生長を抑制するアレロパシー（他感作用）のある物質を出すうえ、生長が早くて、ほかの草が生える前に地面を覆ってしまう。五〇種の雑草を対象に比較した結果、ヘアリーベッチはほかの草を完全に抑えることができたという。

そこで耕作放棄地や遊休地に生やすと、その土地一面を覆い尽くして、ほかの草を寄せつけない。そして夏には枯れるから、後始末しないで済む。

耕作を諦めた農地は全国的に増えているが、草刈りをしないと雑草が繁茂してブッシュ化してしまうだろう。そこから害虫が大量発生したり、樹林化してしまったりする。すると棚田などの石垣を壊しかねない。そうなってから修復しようとしたら大変な労力がかかるから、とりあえずヘアリーベッチを生やしておくことが推奨されている。

耕作放棄地のほか果樹園の地表に生やして下草を抑制したり、スイカ、メロン、カボチャなどの野菜畑のビニールマルチ代わりにも利用されるそうだ。除草剤を使わずに雑草を抑え、しかも窒素を固定して肥料効果も生み出すから、有機農法に有力な武器とされた。そこでヘアリーベッチの利用に、補助金を支給する自治体も増加している。

このように、非常に有用な植物であることは間違いない。

しかし、だ。外来の、アレロパシーの強い植物が日本の山野に野生化してしまうことには危険を感じる。

ヘアリーベッチが分泌するのはシアナミドという成分だ。除草効果や殺菌効果のほか、種子休眠覚醒効果もあるとされる。若干の毒性があるので放牧していたウシやウマなどが食べて中毒症状を起こした報告もある。種子には青酸配糖体（シアン化物と糖が結合した物質）が含まれるからで、少ないながら死亡例もあるそうだ。

日本の場合はウシなどよりも、近年はヤギやヒツジを河川敷に放して草刈りに利用する試みが各地で行われているから、その場合に注意が必要かもしれない。

なにより繁殖力が非常に強いだけに、急速に繁茂が広がれば、本来そこに生育していた在来の植物が駆逐される恐れは強い。そのため農水省と環境省は、ヘアリーベッチを「適切な管理が必要な産業上重要な外来種（産業管理外来種）」に指定している。これは、産業上は有益な種だが、適切な管理を取らないと問題を引き起こすとされる外来種である。ニジマスなどのほか、植物ではキウイフルーツなどもその仲間だ。

ヘアリーベッチの増殖をこのまま許してもいいのだろうか。外来種とはいえ有効性も捨てがたい。人の都合と言えばそれまでだが、その兼ね合いが問われる事態が、河川敷で進んでいる。

4 街路樹は都会のオアシスになる？

街路樹は、都会のオアシスのように捉えられがちだ。コンクリートジャングルの中ではほんの小さな、一列に並ぶ緑。森林と言うには無理があるけれど、目に優しく、主に景観的な役割を担う。大きな樹ほど人気がある。

そんな街路樹がいきなり倒れた、という事件をよく耳にする。

それも、ケヤキやイチョウなどの結構な大木が多い。通常これらの樹木は、何百年もの寿命があるのに、植えてまだ四〇～五〇年程度で倒れるのだ。通行人などが巻き込まれて大怪我をしたり亡くなった人も出ている。もし車を直撃すれば大破し大事故になる。

調査によると、樹齢のわりに老朽化が進み、内部が空洞になっていたほか、ベッコウタケや

街路樹は、緑の回廊として街の中に生態系をつくる

サルノコシカケなどの腐朽菌《ふきゅうきん》が広がっているケースが多い。

なぜ若い樹木が弱るのか。原因はひどい剪定の仕方や車などの衝突による傷、さらに日当たりや空気の影響まで多岐にわたるが、忘れてならないのは根系だ。

勘違いされがちだが、樹木の根は下に深くは伸びない。せいぜい一～二メートルだろう。大木でも地中三〇センチ程度という樹種もある。その代わり広く横に伸びる。枝葉の繁った樹冠の三倍くらい根を伸ばすことも珍しくない。根鉢《ねばち》（根系とそれが包む土）の大きさが樹木の倒れにくさを決めるのだ。

ところが街路樹では、根を広げるスペースが極端に狭い。なぜなら、植樹枡と呼ばれる街路樹を植えるスペースが決まっているからだ。単独枡、連続枡、花壇型などいろいろあるが、歩道の幅に制約されて一辺一メートル内外の場合が多い。深さも知れている。コンクリートで閉鎖している場合もあれば、下部は岩盤のままの場合もある。舗装の下を好きなだけ根が伸びられるわけではないのだ。

その結果、街路樹の「根上がり」が起きる。根を伸ばす地下空間が足りず地面に盛り上がるのだ。それが周囲の舗装部分を持ち上げたり植樹枡からはみ出したりしてしまう。

京都府立大学大学院生（当時）の瀬古祥子《さちこ》さんは、京都市内の通り別に街路樹二三四〇本（イチョウ、トウカエデ、ユリノキの三種に限定）の根上がり現象を、樹木の幹周囲や植樹枡の形状や大きさ、土質、舗装の種類などとともに調べて解析した。

すると、多くの通りで根上がりが起きていた。河原町通《かわらまちどおり》の四条〜五条間では八割近かった。少ないところでも一割近く、多くが四割に達していたという。

根上がりを起こす場所の特徴は、まず樹木が大きく、それに比して植樹枡が小さい。また日当たりがよく樹木の生長がよいことも条件だ。そして植樹枡の土が軟らかい有機質土や砂質土ほど根上がりしやすい。地下水位が低いと根上がりする可能性も示された。

瀬古さんによると「植樹枡の周囲の歩道や車道の下は、たいてい建設残土などを入れて堅く撞《つ》き固められていて根は伸びにくいです。また水道管やガス管など地中埋設物のスペースも設けられているので、根が広がれるスペースはほとんどないんです。舗装されていたら雨水は透しませんから地上からの水は供給されません。ただ地下水位が高い場合もあり、その場合は根腐れを起こしやすくなります」

根上がりがただちに街路樹の倒伏につながると断定できないが、関連はあるだろう。樹木の健康にもよくない。もちろん歩行の邪魔になり危険でもある。

日本全国に街路樹は約六七五万本あるという。それらのうち健康的に根を伸ばしているのは何割あるだろうか。人は大木の街路樹を喜びがちだが、樹木の立場からすると、地上では梢や枝を伸ばしたら刈り取られ、地下では根を十分に伸ばせず狭い空間に押し込められるのでは窮屈だ。街路樹は、むしろ低木が向いている。


二〇一七年に大阪で開かれた街路樹サミットに参加した。テーマは「今の街路樹の在り方」である。

根上がりだけでなく、伸びた枝をぶつ切りにされた街路樹は数多い。なかには電信柱のように幹だけにされたり、梢さえもブツリと伐られたケースも見かける。そんな現状に疑問や異議を持つ造園関係者や樹木医、研究者などが集まって開かれたのだ。そこでは、なぜ無粋な管理が行われるのか、という現場の報告があった。

まず街路樹を管轄するのは、たいてい自治体の土木部門だ。なぜなら街路樹は公園や民間施設ではなく、道路の付属物として設けられるからである。そのため街路樹の管理も土木業者が請け負うことが多いのだが、往々にして樹木の扱い方に慣れていない。

そこに「枝が電線に触れた」「標識が見えない」「敷地を越境した」「毛虫が発生した」「落葉が邪魔」などのクレームが来ると、機械的に枝や梢を切断することになる。緑地部門に移管されても、庁内の連携不足や、頻繁な配置転換で専門家が育たない。加えて予算不足と、ないない尽くしのまま街路樹管理を受け持つ。また作業を請け負う業者も、効率重視や仕様書から外れないことを意識しすぎて、植物相手だという感覚がない。ある業者は、樹木の生理を考えて枝をある程度残す判断をしたら、行政からクレームが来たそうだ。

一方で街路樹の生態系についての研究発表もあった。

私は、街路樹の役割は景観程度で、都市の気温への影響や生物の生息は微々たるものだろうと思っていた。幅はないし、分散しているし、根元に草も生えないし、樹木の種類も樹齢もほぼ同一のものが並ぶのだから……と。

ところが京都府立大学の福井亘教授によると、京都市内の通りで鳥類を調査したところ、街路樹のあるところほど豊富だったという。木陰は鳥類の休憩する場所となり、鳥類は各地の緑地を渡るだけでなく、枝葉にいる昆虫類を餌にしている可能性もあるそうだ。そして都市部に点在している緑地を利用してネットワークを作っているらしい。

また学術誌「エンバイロメンタル・リサーチ・レターズ」二〇二一年七月号掲載の研究論文によると、街路樹や庭木といった単木でも、日陰効果と葉の蒸散作用によって気温や地表面温度に一定の冷却効果があることが指摘されていた。

研究したのはアメリカン大学のチーム。ワシントンの三二七カ所を「舗装面の樹冠」と「未舗装面の樹冠」、さらに公園などの「密集した樹冠」と庭木のような「分散した樹冠」に細分化して、一日の夜明け前、日中、夕方で気温を計測した。

すると木々が生い茂る公園では、木がほぼないエリアと比べて、午後に一・八度の冷却効果が認められた。分散した単木で半分以上覆われているエリア（これが街路樹に相当する）では、夕方に一・四度下がり、その冷却効果は夜通し続いていた。街路樹の効用は大きかったのだ。

街路樹帯は完全な森林とは違う。また生育環境としては過酷かもしれない。だが昆虫や鳥類と樹冠の生態系をつくっているようだ。それが各地の緑地を結ぶことで地域の生物層を支えている。それに冷却効果や癒やし効果も加えたら、都市環境に小さくない影響を与えている可能性があるのかもしれない。できれば植樹枡の大きさを含めて、より健康的に育つ条件を整えてあげたい。

5 ミツバチの価値はハチミツにあり？

春から夏、野の花にブンブン飛ぶのは、ドローンことハチの類だ（正確にはドローンとは雄バチだが、花の周りをブンブン飛ぶのは雌の働きバチだろう）。ハチと聞けば刺される心配をするが、花の蜜や花粉を求めて飛ぶ場合、危険性は低い。むしろ蜜を集めるのに夢中で、人にあまり寄りつかない（危険なのは巣の周辺である）。

全世界のハチミツ生産量は一二〇万トン前後。そのうち日本国内のハチミツ消費量は、約四万一〇〇〇トンとされる。しかし国産ハチミツは約二八〇〇トンにとどまっている。ハチミツの自給率は七％程度なのである。

登録されている養蜂家は、二〇一九年で九七八二戸。昔ながらの南から北へと季節ごとに花を求めて移動する養蜂は少なくなったが、都会の養蜂は増えだした。銀座でミツバチを飼って採蜜し地域おこしに役立てる人もいる。私と同姓同名なので親近感を覚えるが、こうした都市養蜂は新しい傾向だ。ただアマチュアは増えているが、プロは減少傾向にある。

ところで、日本の養蜂総産出額は約三五〇〇億円。国産ハチミツ（＋ロイヤルゼリーやプロポリスなど）の量からすると、意外に高額と感じないだろうか。

実は産出額の約九八％が、ポリネーションと呼ばれるミツバチによる花粉媒介の請け負いなのである。ミツバチは蜜を集める過程で、花粉を雌しべに受粉させる。受粉すれば種子ができる。それが果実の場合や穀物の場合だってあるだろう。だから果樹園や野菜栽培するハウス内などにミツバチの巣箱を設置して作物の受粉を担ってもらう仕事があるのだ。ある果樹園に巣箱を置いたら、果実が例年の二倍以上実ったという報告例もある。

ミツバチが花粉を運んで実らせる農産物の生産額は、農産物全体の約三五％にもなる。言い換えるとミツバチが農業を支えている。経済的価値で言えば、ハチミツなどの生産物の一〇〇倍以上だろう。養蜂家は、農家の要望に応えてミツバチの巣箱を貸し出す。養蜂家からすれば、ハチミツ生産より安定した収入なのである。ハチミツ生産をしないでポリネーションだけに特化した養蜂家も実は多い。

ここで重要なのは、ハチの種類だ。ポリネーションには主にセイヨウミツバチとセイヨウオオマルハナバチが使われる。花の形によって使われる種類が決まるが、どちらも名前のとおり西洋から移入された外来種である。ここに問題があった。

一九九一年にトマトなどの受粉に用いるためにセイヨウオオマルハナバチが日本に導入された。しかし放したハウス内から逃げ出す個体群がいて、野外で定着するものも現れた。北海道で最初に見つかり、二〇〇四年までに二七都道府県で野外目撃されている。

実は西洋種には、花によって花粉を媒介せずに蜜だけ取る（盗蜜）行動がある。さらに他群の巣を乗っ取る習性があって、日本のマルハナバチ（一五種いる）は追われがちだ。交雑によって遺伝子汚染も指摘されている。日本生態学会は日本の侵略的外来種ワースト１００に指定し、その危険性を訴えるようになった。〇六年には外来生物法により特定外来生物に指定され、飼育・保管・運搬等が許可制になっている。ただ、一度野生化して広がった西洋種を駆除することは難しい。

野生化したラベンダーと、蜜と花粉を求めて来たミツバチ（中央）

セイヨウミツバチはどうだろうか。こちらも外来種である。
日本にはニホンミツバチ（トウヨウミツバチ）が生息し、江戸時代からそれなりの養蜂（採蜜）は行われていたが、明治になってセイヨウミツバチが導入された。なにしろ集める蜜の量が圧倒的に違うのだ。養蜂家によると一〇〇倍も差が出るという。しかも季節ごとに同じ花から集中的に採蜜することが多く、蜜の種類が特定できる（単花蜜（たんかみつ）と呼ぶ）。よくレンゲ蜜、アカシア蜜、海外ならマヌカ蜜……とハチミツの種類を分けて販売されているが、これも西洋種だからできることだ。

ニホンミツバチは雑多な花から蜜を集めるので、「百花蜜《ひゃっかみつ》」と表現されるように多くの花の蜜が混ざった味となる。また、すぐ分蜂（巣の引っ越し）するので、なかなか人が設置した巣箱に定着しない。養蜂に向いていないのだ。

しかしセイヨウミツバチの養蜂が増えたため、ニホンミツバチが生息地と餌を奪われていると指摘されるようになった。在来種が外来種に追われる構図だ。

ただマルハナバチとは違う点もある。セイヨウミツバチは同じ花から採蜜するから、ハチミツ採取に加えて、ポリネーションにも最適であることだ。ミカンの花粉を身につけたハチが、次にツツジの花へ飛んでも受粉できない。同じ植物の花に飛んでこそ、ポリネーションは成立する。つまり人間にとって有用性が大きい。

もう一つ重要なのは、天敵スズメバチとの関係だ。スズメバチはミツバチの巣を襲って根こそぎ殺してしまうが、ニホンミツバチは古くからスズメバチと戦う術を知っている。一匹のスズメバチを集団で取り囲み、発熱して蒸し殺すのだ。これを「熱殺蜂球《ねっさつほうきゅう》形成」と呼ぶ。この作戦のおかげでニホンミツバチは巣を守ることができる。

ところがセイヨウミツバチは、「熱殺蜂球形成」ができない。襲われると単騎で立ち向かうが、為す術なく殺されてしまう。だから養蜂家がスズメバチを退治してセイヨウミツバチを守らねばならない。人の庇護なくして生存できないから、野生化しづらい。

ある意味、ミツバチの本能と人間の経済活動の絶妙なバランスがあってこそ、セイヨウミツバチの養蜂は成り立っていると言えるだろう。


近年、養蜂に世界的な危機が訪れている。それは採蜜量の減少と、ミツバチの群がいきなり全滅する「事件」の頻発だ。

まず前者は、蜜源の減少が理由だ。いくらミツバチが広く飛んでも蜜がなければ集められない。ミツバチも栄養失調気味になり数が増えない。

蜜源が減った理由は、まず農業が衰退して蜜のある花が減ったこと。また品種改良により、蜜や花粉の量が少ない果樹や作物も増えてきた。蜜量の多いニセアカシアは、産業管理外来種に指定されたため、新たな植樹ができなくなった。

そして異常気象である。たとえば雨の日や降雨量の増加は深刻だ。雨が続くとミツバチは飛ばなくなるので、蜜が採れない。風水害が起きると、蜜源植物が大量に枯れたり、土砂に覆われてしまったりする。また暖冬でミツバチがまだ活動を始めていない早春に花が咲いてしまうことも起きている。それに植生の変化も起きる。蜜源にならない植物が繁茂しても、ミツバチは餌にありつけなくなる。

意外な原因は、野生動物の増加だ。

シカとイノシシが増えすぎて農作物被害が深刻化しているが、被害に遭うのは農作物だけではない。とくにシカの食害で森林の劣化が進んでいて、失われた草木の中に蜜源植物も多くあるのだ。すでにシカの食害で鳥類の生息に影響が出ている研究はあるが、ミツバチのような受粉昆虫にも変化を与えている可能性が高い。

そして二〇〇〇年代に入って頻発するのが、蜂群崩壊症候群（CCD）である。突然、ミツバチが巣箱から姿を消す、あるいは死滅する現象が世界中で起きている。

まず指摘されたのが農薬、なかでもネオニコチノイド系農薬だった。どんな害虫にでも効くと農家に人気なのだが、これこそ悪の元凶のように主張する人もいる。だが農薬だけに責任をかぶせるのは、無理がある。ネオニコチノイド系農薬が使われていない国でもミツバチの大量死は起きているからだ。それに農薬は使用方法によって効果が大きく変わる。花の咲く時期（ミツバチが集まるとき）にまかなければ影響はないし、散布後の分解速度も農薬ごとに違う。農薬＝虫を殺すと短絡しないほうがいい。

ほかの原因としてはミツバチの大敵であるダニやウイルスの蔓延や、長年のミツバチの酷使による遺伝子の劣化も指摘されている。なかには遺伝子組み換え作物が悪いとか、携帯電話の電波を疑う声まであるが、証拠を示せていない。

おそらく地球規模の気候変動の影響もあるだろう。因果関係を証明する研究を私は目にしていないが、たとえば平均気温が上がればダニなどの活動が活発化するし、ミツバチに疫病が発生しやすくなるかもしれない。海水の温度が上がることで地球上の大気の循環が変化し、風向きも変わったかもしれない。大気中の二酸化炭素濃度の上昇が影響することもありえる。ハチの生存に何が影響するのかわからないことが多い。

ポリネーションを担う昆虫の減少は、農業だけでなく地球上の植生に大きな影響を与える。ミツバチは、自然界の異変をいち早く感じ取っているのかもしれない。

6 外来生物は在来種を駆逐する？

子どもの頃、ダンゴムシをよく捕まえて遊んだものである。当時はマルムシと呼んでいた。触るとクルリと丸くなるからである。一応、硬い殻に覆われているので防御姿勢なのだろう。アルマジロの小型版のような感覚で見ていた。

とにかく丸くなったのをたくさん集めて箱に入れて、丸まりを解こうとしたら、すぐに触ってまた丸めて……最後は殻の強さを試そうと踏みつぶしたこともある。もちろん、あっさり潰れる（ひどい……）。ただ、とにかく数が多い。地面のどこにでもいた。鉢植えの下とか草の茂みの中などは探し出すポイントだ。

このダンゴムシ、実は正式名称をオカダンゴムシと言い、日本の在来種ではない。つまり外来種だ。どうやら明治時代にヨーロッパから入ってきたらしい。

分類的には、等脚目オカダンゴムシ科に属す。原産地は地中海沿岸部だ。オカダンゴムシ科そのものは世界に二五〇種ほどいるが、日本には二種類いる。オカダンゴムシとハナダカダンゴムシである。後者は、神奈川県と兵庫県にしか見つかっていない。おそらく横浜港と神戸港から上陸したものの、生息域をまだ広げていないのだろう。結局、多くの人が目にするのはオカダンゴムシ一択というわけだ。

これまで日本の自然の中に外来種や園芸種のような人為的に変異させた種が忍び寄る様子を紹介してきたが、すでに外来種にすっかり置き換わった種もあるのだ。

ちなみに日本の在来種には、森林土壌に小型のコシビロダンゴムシが、海辺の砂浜には大型のハマダンゴムシがいる。コシビロダンゴムシは多くの種に分化して科をつくっており、現時点で二二種類も確認されている。だが、人里で目にすることは少ないだろう。

もともと日本には生息していなかったオカダンゴムシが、今では日本全国、それも市街地や農耕地などに多くなり人の目によく映る。餌は落葉や昆虫の死骸などだが、農作物も食べる。だから必ずしも歓迎されるわけではないが、さほど敵視されることもなく子どもの遊び相手になっている。

なぜオカダンゴムシがこれほど増えたのか。

オカダンゴムシ科の原産地である地中海沿岸は、乾燥がちで湿度が低く、土壌ｐＨも高めでアルカリ性の土地だ。それらの条件に市街地や開けた農耕地など人為的影響の強い場所が合致したのだろう。ちなみに日本の土はヨーロッパに比べるとカルシウム分が少なく酸性土壌になりがちだが、コンクリートなどが石灰分（カルシウム）を溶出しているとアルカリ性になる。日本に来たオカダンゴムシは、コンクリートのある都市部が好みなのかもしれない。またカリウム肥料を撒かれる農地もアルカリ性が高くなり好適地なのだろうか。

在来のコシビロダンゴムシは厚い落葉層の湿った酸性土壌を好むらしい。つまり落葉樹林に生息するので、人里にはもともと多くいたわけではないのだ。

だから人の目に留まりやすい外来種が、日本のダンゴムシ界（？）の主流に見えてしまうのだろう。

子どもの頃によく見かけた植物にセイタカアワダチソウがある。当時の我が家の周辺には空き地がまだ多く残っていて、そこに黄色い花をつけるこの草が繁っていた。その背丈は子どもの身長をはるかに超えていたから、草というより子ども目線では森のような感覚だった。セイタカアワダチソウの森に分け入ると〝探検〟気分が味わえるのだ。また長さが二メートル近くになる硬い茎が、棒として遊び道具になった記憶がある。

この植物も外来種である。北アメリカ原産で、もとは切り花の観賞用として輸入されたらしい。どぎつい原色っぽい黄色の花は、好みが分かれるが……。

明治時代末期に持ち込まれたというが、日本で目立ち始めたのは戦後だろう。アメリカ軍の輸入物資についていた種子が全国に広がったと想像されている。私の子ども時代の記憶をたどっても、本当によく生えていた。当時は外来種だと知らないから、「日本の原風景」のように思っていた。なぜ、こんなに急拡大したのか。

セイタカアワダチソウの根からは、植物の生長を抑制する化学物質が出る。これをアレロパシー（他感作用）という。この化学物質が土壌中に蓄積されると、ほかの植物の生長や発芽が抑制される。その間にもセイタカアワダチソウは、地下茎でも繁殖して広がり、群落をつくったのだろう。すると、在来のススキなどはなかなか伸びられなくなる。

今では環境省・農水省の重点対策外来種に指定された。また日本生態学会の「日本の侵略的外来種ワースト１００」にも選ばれている。

ところが最近は、あまり目にしなくなった。もちろん消えたわけではないが、再びススキなどが増えている。千葉市の農地における観察例では、耕作放棄されるとセイタカアワダチソウに覆われたが、三〜四年経つとススキが勢力を回復してきたという。私の身の周りでも、以前はセイタカアワダチソウの群落に覆われた空き地が、今やススキ野原に変わっていることがある。

実はセイタカアワダチソウは、冬の間に落葉や枯れ草などに覆われると弱いらしい。また明るいところを好むので、ほかの草木が伸びて日陰になると繁殖しにくい。そしてリンの少ない強酸性の土地や乾燥した土地に弱く、競合する多年生草本に負けてしまうこともわかってきた。決して「繁殖力の強い外来種だから、在来種を駆逐する」と単純ではなかったのだ。在来種もじわりと反撃に出ている。

ただ、農地や造成地、そして毎年草刈りを繰り返すような攪乱が行われ遷移が止められるところでは、セイタカアワダチソウが優占するようだ。昭和期は開発が進んで生育に適した土地が多かったが、年月が経つとともに在来種向きに土地環境が変わり、衰退してきたのかもしれない。一生懸命に草刈りをすることで外来種を増やしていたのだろうか。

タンポポの世界でもよく似たことが起きている。

日本のタンポポには幾種類かある。北海道のエゾタンポポとか中部関東地方に多いカントウタンポポ、トウカイタンポポ、長野県以西に生えるカンサイタンポポ、ほかにシロバナタンポポなどがあるが、私にとってタンポポと言えばカンサイタンポポだった。

ところが、そこにセイヨウタンポポが入ってきた。ヨーロッパ原産で細かく分類すると何百とあるのだが、総じて花の下の外側にある総苞《そうほう》が反っている点が在来種と異なる。これが日本を席巻し、今やタンポポの八割が西洋種になったと言われるほど増えた。だから生態系被害防止外来種に指定されて、日本の侵略的外来種ワースト100にも選ばれた。

セイヨウタンポポは概して繁殖力旺盛だ。種子の数が日本のタンポポの二倍くらいある。また一年中発芽する強みもある。加えて日本に入ってきた種類は、染色体が三倍体で、受粉せず単為生殖で種子を実らせる。雄花・雌花と両方が揃わなくても勝手に繁殖するのである。その場合、親とまったく同じ遺伝子を持った種子を熟させる。このような種の性質は分布を広げるのには向いている。

こうした状況を記すと、圧倒的に強いセイヨウタンポポが日本中のタンポポ界(?)を牛耳っているように思えてくる。オカダンゴムシのように……。だが、最近日本種の復活が各地で報告されてきた。一時は姿を消した日本のタンポポが復活している。私の身の回りでも、以前とは違ってカンサイタンポポをよく見かけるようになった。

セイヨウタンポポには、弱点があったのだ。まず遺伝的に同じだから多様性がなく、環境の変化に対応しにくい。たとえば高温に弱いとしたら、暑い夏が続いた際に一斉に枯れる。ソメイヨシノでも指摘されるデメリットだ。その点、在来タンポポは多様性があるから、全部枯れずに条件に強い個体が生き残って、また増えていく。

それに一年中発芽できるといっても、夏は背の高い植物に覆われ日光や養分を奪われるからほとんど生長できない。日本は西洋より多くの草木が繁るからだ。これでは発芽に使ったエネルギーが無駄になる。在来のタンポポは、春に開花して種を飛ばすが、そのほかの季節は地面の下で次の開花を待つため、エネルギーを温存できる。

セイヨウタンポポは、道路の端や空き地など人間が開発して環境を変えた土地によく生える。

一方で在来タンポポは環境の変わりにくい場所を好む。この点はセイタカアワダチソウとススキの違いに似ているのかもしれない。

ただ新たな問題として、西洋種と日本種の雑種化が起きていることが報告されている。三倍体で花粉をつくらないはずのセイヨウタンポポに、二倍体が出現したのだ。突然変異なのか、二倍体のセイヨウタンポポが上陸したのか。

まったく生物の種類は複雑怪奇だ。外来種だ在来種だといっても、その境目ははっきりしない。意外と上手く生息環境を棲み分けるケースも多く、長年のうちに「在来種化」が進むかもしれない。そんな状態を生物多様性が高まったと言えるのだろうか。

V 花粉症の不都合な真実

日本人を苦しめる花粉症の常識

スギ花粉症患者が激増している。スギ花粉が目や鼻にアレルギー症状を発現させるのである。スギ花粉症が初めて確認されたのは一九六〇年代だが、その後ヒノキ花粉でも起きることがわかった。今や国民の四割は花粉症と言われて、国民病扱いされている。なおスギとヒノキは日本固有の樹木であり、この花粉症も日本だけのものだ。

　それまで注目されなかったスギ花粉のアレルギーが、なぜ急に増えたのか。それは戦後、春先に飛び散るスギ花粉の量が飛躍的に増えたからだ。五〇年代に日本中の山でスギやヒノキの大造林が行われ、それらの苗が樹齢一〇年以上になると花粉を飛ばし始める。そして三〇年以上に育つと、非常に多くの花粉が飛散する

ようになった。

さらに、大面積につくられたスギ林やヒノキ林は間伐などの手入れが遅れ、多くの木は不健康な状態に置かれている。そのためスギは枯れる前に子孫を残そうと花粉を多くつけるようになり、飛散量がより増えた。

また都会では、ディーゼル自動車の出す微粒子も舞っているが、それが花粉とくっつくことで症状が悪化すると言われている。それが山村より都会に増えた要因だろう。

そこで花粉症対策として行われているのは、何よりスギ、そしてヒノキを減らすこと。そのため間伐と枝打ちが推進されている。木の本数、そして花粉を生産する雄花のつく枝を落として数を減らせば、花粉の飛散量も減り、花粉症患者も減る。また間伐で木々が健康的に育てば、花粉を飛ばす量も少なくなると見込まれる。ほかに、花粉をつけないスギの開発や、花粉をつくらせない薬剤の開発も行われている。

異論あり

スギ花粉は縄文の昔も多かった！
森が荒れると花粉は減る！
間伐したら花粉は増える！
花粉に似たマイクロプラスチック
……etc.

1 造林したからスギ花粉は増えた？

スギ花粉と言えば花粉症の元凶扱いだが、面白い論文を読んだ。二〇一二年発表の「琵琶湖湖底堆積物に記録された過去一〇〇〇年間のスギ花粉年間堆積量の変化」だ。執筆は、琵琶湖博物館の林竜馬《りょうま》主任学芸員ほかの方々。

タイトルどおり、琵琶湖の湖底の泥を年代別に分析することで、過去一〇〇〇年間のスギ花粉の量の推移を調べたものだ。スギ花粉は、一九〇〇年以降から徐々に増え始め、とくに戦後は激増していた。そして一九九〇年代には一〇〇〇年前の約一〇倍に達している。

これは戦後大規模なスギの植林が行われ、それらの木々が花粉を多く飛散させ始めた年代（樹齢三一年以上）と符合する。やはり現在の花粉症の発症はスギ植林が増えたことと関係が深いことを示している。

ただ、私が「面白い」と感じたのは、そこではない。論文抄録にさりげなく触れられていた「琵琶湖堆積物の花粉分析結果を基にした地史的なスギ花粉年間堆積量との比較」の部分である。それによると「一九八〇年代以降に増加したスギ花粉飛散量と同程度の飛散は、三〇〇〇年～二〇〇〇年前ならびに最終間氷期の後半においても認められた」とある。サラリと書いているが、これは「現代のスギ花粉の飛散量は、縄文時代の飛散量とさほど変わらない」と指摘しているのだ。

縄文時代のスギ花粉量が、花粉症に悩まされている現代とほとんど変わらないということを「抄録」だけで済ませるのはもったいない。ものすごく重要事に思えるのだが。

まず縄文時代に、スギはどれだけ生えていたのか？

日本（とくに近畿圏）の数万年前から数千年前の森林の植生は、広葉樹と針葉樹が混交していたと思われる。そして針葉樹の中ではスギは優勢だったらしい。おそらく当時の天然林に、スギが非常に多かったのだろう。森林自体、平野部を含めて広がっていたので、面積はかなり広

スギの雄花。花粉を飛ばす一歩手前だ

かったと想像できる。

もちろんそのスギは天然生であり、人が植えた現代のスギ林とは全然違う。人工的なスギの一斉林《いっせいりん》ではなく、さまざまな樹齢のスギが、ほかの木々と混交していたはずだ。それなのに現代のスギ林（森林のざっと二割）と同じほどの花粉を飛散させていたとは。

近畿地方では、古墳時代から中世にかけて都が開かれ、寺院や宮殿など巨大な木造建築が多く建てられた。その資材としてヒノキはもちろんスギもどんどん伐られた。そのため天然生のスギやヒノキはほとんど消えてしまった。

巨大建築物の材料を調べた記録によると、最初はヒノキ、次にスギ、そしてケヤキへと移り変わっている。江戸中期になるとそれら天然生の木々が底をつき植林が始まるのだが、そこで選ばれた樹種はまずスギであった。ただ木材不足の時代であり、育てばすぐに伐られる状態だったようだ。伐期は二〇〜三〇年程度という記録もある。

だから明治時代はスギやヒノキもさほど多くなく、スギ花粉もそんなに飛散していなかったと思われる。それこそが花粉症が目立たなかった理由かもしれない。

ではスギが多く茂り、スギ花粉の飛散が多かった縄文時代を生きた人は、花粉症に悩まされていたのだろうか。

涙目にくしゃみを連発し鼻水を垂らす縄文人を想像するのはそれなりに面白いが、それを証明するのは難しそうだ。そこで縄文人が花粉症になる頻度を考察してみる。

まず縄文人の平均寿命は一五歳に満たなかったと言われている。平均年齢は乳幼児の死亡率に引きずられるが、成人した場合の寿命を考えても、おそらく三〇歳を超えるのは稀だったと推定できる。一方で花粉症を発症する年齢は、近年は低年齢化が進んでいるが、一定期間スギ花粉に触れてから発症するケースが多いから、縄文人の場合はその前に亡くなる可能性が高い。

それに体内に寄生虫がいると、花粉症を発症しづらいという説もある。寄生虫に対する防御反応（免疫）は、花粉症が引き起こす過剰免疫と同じものだ。だから免疫細胞が寄生虫に対応していたら花粉への過剰な反応を抑えられる。免疫学からの指摘だが、縄文人の大半は寄生虫を持っていたと思われるから、その説を信じれば花粉症になりにくかったのではないか。

またスギやヒノキの本数が多いとしても、人工林のような一斉林ではないから、周辺には広葉樹をはじめとしてさまざまな木々が生えていたはずだ。だから飛ばした花粉も周辺の広葉樹に遮られる確率も高かったのではないか。琵琶湖の湖底に沈んだ花粉も、実は大気中に漂う時間は短かったのかもしれない。

……などと考えてみると、縄文人はあまりくしゃみをしなかったかもしれない。

では、昔と同程度の花粉飛散量である現代に花粉症に悩む人が増えたのはなぜか。単に森林側の問題だけではなく、寿命が延び、花粉に過敏に反応するように人間の身体や住まい環境を大きく変えてしまった社会にも原因があるのではないか。

ちなみに花粉症とは人間だけのものと思われがちだが、動物も花粉症になることが確認されている。とくに注目されたのは、ニホンザルだ。

最初に発見されたのは、一九八六年の広島県廿日市《はつかいち》市の宮島である。日本モンキーセンター宮島研究所（現在は廃止）で花粉症の飼育員が、同じように鼻水を垂らして涙目になっているサルを発見したのだ。そこで研究が始まって、実際にサルの血液からスギ花粉の抗体が見つかり、花粉症の罹患認定がされるようになった。その後、淡路島などのニホンザルも花粉症の個体がいることが確実になった。

さらにその後、イヌやネコでも花粉症になることが確認された。症状はサル以上にわかりにくいが、基本的な症状は人間と一緒で、鼻水やくしゃみ、目のかゆみなど。ひどくなると四肢の先端や下腹部、目の周り、耳などの皮膚にも炎症が起きるらしい。人やサルのようにかゆいところも自分でかきにくいだけに、辛いだろう。

サルにイヌ、ネコにとどまらず、おそらくほかの哺乳類にも花粉症はあるのだろう。人間だけが苦しんでいるわけではない、
花粉は自然物だ。それに生き物が苦しめられるのはおかしい、自然界を歪ませた現代社会が生み出した病ではないのか……と思いたくなる気持ちもわかるが、それほど単純な関係ではなさそうだ。むしろ縄文人も苦しんだ、サルもイヌもネコも苦しんでいると思えば、多少は気が楽になる……かどうかはわからない。

2 枯れる前のスギは花粉を多く飛ばす？

花粉症を憎んでいる人が、よく口にする意見がある。

「スギばかりを政策的に大量に植えたのも問題だが、その後林業が衰退して手入れが十分されずに、スギは花粉をたくさん飛散させるようになった。これは政府の失政である」といった内容だ。とにかく政府が悪いから自分は花粉症で苦しんでいるのだ、政府よ、なんとかしろ、と言いたいのだろう。

たしかに戦中の乱伐がたたって一九四〇年代、五〇年代は日本の山ははげ山が多かった。そこで戦後の政府は、大造林を推進する。当時の木材価格は高かったので、スギなら植えて四〇年もすれば高く売れることを計算して、人々もこぞって植えたのである。ところが、その後木材価格は低迷し、伐って出しても経費を賄えないほどの価格でしか売れなくなった。そのため放置する林家も増えて、荒れたスギ林も増えた。

スギは植林時に密に植える（現在は多くが一ヘクタールに三〇〇〇本の苗を植える。ざっと二メートル弱の間隔）ため、そのまま放置すると密生状態になって木々が衰弱する。だから適時、間伐を行う必要があるのだが、それを怠っている山が少なくない。

ここまではよい。事実だ。だがこのあとに「手入れされない木は花粉を多く出す」という理論がくっついている。それは言い換えると「枯れかけた木は、死ぬ前に子孫をつくろうと花を咲かせて花粉をたくさん出して飛散させる」という理屈になる。

そこで間伐を施せば、スギが元気に育つようになって花粉も減るという論法だ。枝打ちも花粉をつける枝を減らすだけでなく、木々の間隔を空けることを狙っている。しかし、それは本当なのか。

よく考えてほしい。「枯れる前に子孫を残そうとする」とか、スギの本数や枝を減らしたら花粉の飛散する量が減るという発想は正しいのか？　なんとなく納得してしまいがちだが、それを示す実験データはあるのか。あまり科学的とは言えない。

昔から「生物は死ぬ前に次世代の子孫を残そうとする本能がある」という言い方をされてきた。「死して、子孫を残す」というのは格言的でもある。たしかに次世代をつくらねば種として終わってしまうのだから、それ自体は本能と言ってもよいが、死ぬほど衰退している時にあえて繁殖をするかどうかは怪しい。

たとえばゴキブリは死ぬ前に産卵すると言われることがある。殺虫剤をかけると卵を撒き散らすというのだ。しかし、それは卵ではなく卵鞘《らんしょう》という、卵がたくさん入った塊のようなものだ。もともとメスは交尾して受精卵をつくると、それを卵鞘に入れてしばらく体につけて運ぶ。その時に殺される、あるいは死ぬような危険を感じると卵鞘を切り離すのだ。何も、死ぬと決まってから卵を産むのではない。

またネズミなども同じような見方をされることがあるが、そもそもネズミのような動物は寿命が一、二年しかない。オス・メスが出会って交尾、そして出産したら、非常にエネルギーを使う。出産後、そのまま死ぬこともある。これを人間が後付けで「死ぬ前に交尾をした」「出産した」と見てしまうのではなかろうか。

植物も同じだ。「トマトはミツバチが葉にダメージを与えると開花を促す」現象があるという。ストレスが性成熟を早めるらしい。病害や虫害、あるいは、栄養・水分条件に異常が生じて生存に危機を覚えるほどのストレスが続くと花芽《かが》ができることがある。つまり繁殖のスイッチが入るのだ。本来なら四季の移り変わりによる気温の低下や長雨などの刺激がスイッチになるところ、異常なストレスが誤った信号となって花芽形成を始めるのだと考えられている。

枯れるほどの外的ストレスによって花を多く咲かせ、種子をたくさんつくる（その後死ぬ確率が高い）のだから、これを「枯れる前に子孫を残そうとした」と言えなくもないが、ちょっと感傷的な人間側の勝手な解釈だろう。因果関係が逆転しているのではないか。

むしろ植物が衰弱すれば、雄花は減り花粉生産量も減少すると考えるべきではないか。花粉と胚珠《はいしゅ》、あるいは卵子と精子をつくるのは植物にとって非常に大きなエネルギーを消費する活動である。それを受粉（あるいは受精）させる活動もエネルギーを浪費する。栄養の多くをそちらに回せば、本体は余計に弱る。それは動物も同じはず。

それよりも繁殖活動をしばらく休止させて、自らが生き残る戦略を取った方がよい。とくに樹木は寿命が長いから、仮に密生して光が当たらず生育も悪い状況に留め置かれたとしても、じっと耐えていれば数十年後に隣接する木々が枯れて、いきなり光が当たるようになるかもしれない。その時に、一気に梢を高く伸ばせば、周りを睥睨《へいげい》する巨木に生長できる。若い頃にあまり生長できなかったら、年輪も密になる。それは幹が硬くて折れにくいことを意味するから、その後の生存に有利に働く。

実際にそうした生存戦略を取る植物は少なくない。稚樹《ちじゅ》の頃は耐陰性が強く生長は遅いが、明るくなると陽樹《ようじゅ》として日光を浴びて大きく生長するのである。たとえばヒバ（アスナロ）などは、耐陰性が非常に強い植物で、何年も日陰でゆっくり育つが、いざ明るくなると高木に生長する。

果たしてスギにそんな性質があるのか。衰弱した個体と健康な個体の生産する花粉量の違いについての論文は見たことないが、可能性としては考えられる。

そこで気づいた。現在の人工林の多くが手入れ不足（間伐遅れ）で健康ではないとしたら、むしろ花粉の生成量は減っているはずだ。つまり花粉飛散量は、木の本数のわりには少ないのではないか。なにしろスギは、日本の森林の約二割を占める面積に生えているのだ。ヒノキも加えれば三割を超す。それらが元気に育っている場合を想定すると、推定できる花粉飛散量は、現在よりもずっと多くてもおかしくない。つまり春先には、現在の数倍の花粉が舞っている状態も想像できるのではないか。

現在の間伐不足が、花粉の飛散量を今ぐらいに抑えているとしたらどうだろう。手入れ不足の現在の林業事情に感謝しなくてはなるまい。そこに補助金を注ぎ込んで、間伐や枝打ちをせっせとすれば、スギもヒノキも元気になって、雄花がたくさん育ち、花粉の飛散量は増加していく……それでもいい？

3 スギを減らせば花粉も減る?

前節で、林業が衰退して手入れ不足の森が増えていることと、衰弱したスギは十分な花粉を形成できずに花粉の飛散量が少なくなった可能性を指摘した。つまりこの理屈どおりなら、林業衰退が花粉症を抑えているはずだ。

だが現実には、国も自治体も、林業を救うためと称して補助金で間伐などを推進している。それどころか花粉症対策事業の名の下でも、間伐を行っている。これは花粉を増やすことにならないのか。

少し整理しよう。

スギが花粉を飛散させるのは、九州なら二月、本州なら三月に入った頃からだ。スギの後にはヒノキ花粉も飛び出す。この〝花粉前線〟に沿って、花粉症患者の怨嗟《えんさ》の声も北上していく。

そこで花粉症対策として、患者に向けた医学的な治療のほかに、スギ林に対してもさまざまな方策が取られる。なかでも中心となるのが、間伐と枝打ちである。

物理的に花粉をつける木の本数、および花粉を熟させる雄花を減らせば、花粉の飛散量が減ると考えたのだろう。そこに前節に記したような「衰弱したスギは花粉をたくさんつくる」という科学的には疑問のある思いつきも混じっているのかもしれない。ある意味、この政策は単純、直感的でわかりやすい。

林野庁も間伐の推進を花粉症対策だとし、東京都は二〇〇六年から一〇年間の「花粉発生源対策」で、間伐と残した木々の強度の枝打ちをした。実施面積は一万ヘクタール近くになったらしい。その後もこの施策は継続しているようだ。

間伐や枝打ちを施したら、その木の周囲に空間が広がるだろう。ここで考えてほしい。特別な知識は必要ないが、植物の生理として光が樹間に差し込めば、残した木々の葉の光合成が活発になる。新たな枝や葉が伸びるかもしれない。すると花粉は多くつくられる……そのような展開は想像できないか。

現実に、雄花は日当たりのよい部分に育つのだ。だから間伐したスギ林では花粉が増えることが確かめられている。つまり間伐直後はともかく、翌年には残した木の枝が大きく育ち、そこに雄花もたくさんつけて、花粉を盛大に飛散させるのである。

表2　間伐率を変えたときの雄花生産量の変化

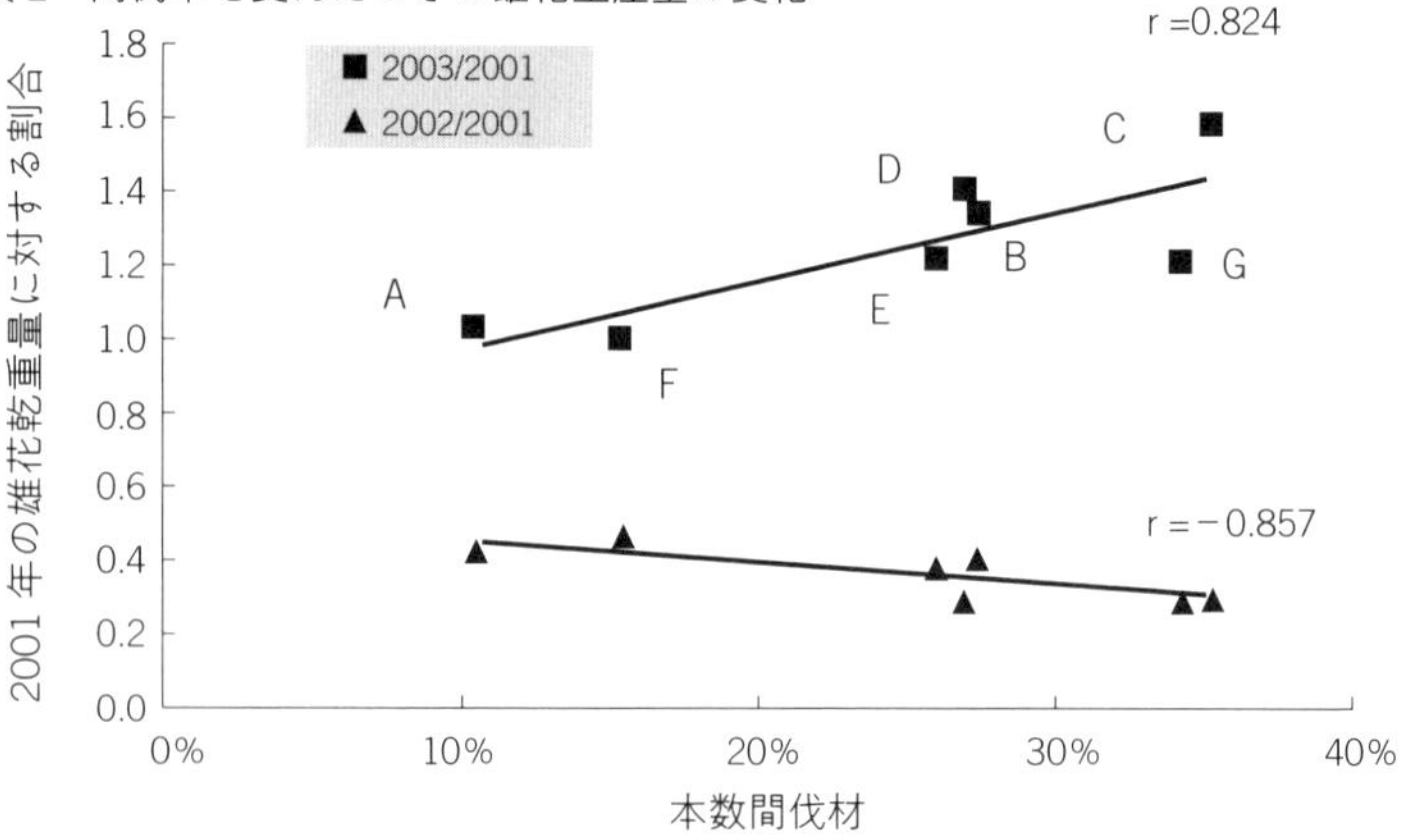

出典：森林・林業公開講座（平成 20 年度第 2 回平成 21 年 2 月 27 日開催）「花粉症対策の現状―森林側から貢献できること―」金指達郎（森林総合研究所）資料より

間伐を行いスギの本数を減らすと、1年目は花粉の量は減るが（グラフの下の線）、2年目以降は間伐率が高いほど増える（グラフ上の線）。枝葉に光がよく当たり生長するからと見られる。

一九九八年に森林総合研究所関西支所で行われた研究によると、

「間伐は林分《りんぶん》雄花生産を最大二倍強増大させ、間伐で雄花生産を減らすには九割以上木を伐る必要があることが分かった」

「間伐による雄花生産抑制は間伐年には有効だが二年目以降は逆効果となる可能性がある」

と報告されている。二年以降、花粉は二倍になるかもしれないという。

また林野庁の調査（一九九〇年）でも、一〇年以内に間伐した林と間伐をしなかったスギ林を比較して雄花の数を数えたところ、有意の差は観られなかったという調査結果を出している。どちらも研究・調査年度はちょっと古いが、逆に言えば随分昔から、この事実はわかっていたわけだ。

また京都府立大学の演習林（南丹市美山町《みやまちょう》）では、間伐を進めた「疎林」と密生した「高密度林」の花粉量を二八年間にわたって計測している。その結果は、ヘクタール当たり疎林は五四兆粒だったのに対して、高密度林は二カ所で三六兆粒と四三兆粒だった。つまり間伐をして森を透かせば透かすほど花粉の数は増える。

それなのに間伐は実行され、しかも事後に検証することなく、変更もせず、ひたすら「花粉症対策」という名目の下、推進し続けている。いくら科学的な研究結果を出そうと、政策立案者が、その結果を省みず思いつき政策を取ると、逆効果になるのである。

枝打ちも同じだ。そもそも枝打ちは、主にヒノキで樹木の下の方の日当たりの悪い枝を落とすのが主要作業であり、枝をなくすことで木材に節目ができにくくすることが目的だ。つまり木材を高級化して価格を上げることが目的なのだ。ちなみにスギの場合は、密生していて暗くなった林内に生える枝は、勝手に枯れていつしか落ちる。枝打ちそのものが必要ない。

そんなスギの枝に雄花（花粉）がつくことはありえない。花粉症対策としての効果は見込めないだろう。

結局、この手の花粉症対策は、担当者が十分に森林および植物の生理生態を知らずに思いつきのレベルで作成しているのにすぎない。それでも推進されてきたのは、毎年春になると押し寄せる花粉症患者のクレームに対して何か「やってる感」を出さないといけないと考えたのではないか。

あるいは、間伐遅れの解消が林野庁の重要テーマだから、予算をつける名目に花粉症対策を利用したとも考えられる。間伐補助金は、個人所有の森林に税金を注ぎ込んで資産形成を助けることになり、問題視されやすい。しかし花粉症対策を錦の御旗《みはた》に掲げたら、国民の健康がテーマになる。補助金を増やすには都合がよいのである。花粉症対策の効果は二の次だ。先に地球温暖化（気候変動）対策として森林を二酸化炭素吸収源とする名目に間伐を利用して補助金をつけていると記した。根は一緒である。

林業家も名目はなんであれ、補助金が増えることに文句を言わない。

最近は、主伐という名の皆伐が進むが、その跡地をどうするかも課題だ。低花粉・無花粉スギの苗を植えるとか、広葉樹の苗を植えるという計画が示されているが、実際に植えられているのが何の苗かはわからない。無花粉スギの苗の生産量は微々たるもので、再造林の必要量に達していない。また広葉樹の植林も掛け声ばかりだ。山主にとっては、広葉樹を植えるメリットが見えないからである。スギを伐った後にまた通常のスギを植えていては、マッチポンプと言われかねない。

4 舗装を剥がせば花粉症は治まる？

スギ花粉症患者がよく口にするのは「スギを全部伐ってしまえ」である。前節では間伐すると、むしろ花粉の飛散量は増えるだろうと記したが、すべてのスギを伐ればさすがに花粉は飛ばなくなる。

それに対して私は、「そんなに花粉がいやなら、道路の舗装を剥がせばいい」と言い返すことにしている。

この発想は、山村の方がスギは身近で花粉も多いのに、山村には花粉症の人が少ないのはなぜなのか、と考えたことから思いついたことだ。もしかすると山村に飛散する花粉は多いものの、意外と浮遊する量が少ないからかもしれない。それは一度は飛んだ花粉の大半が地面に落ちて吸着されるからだという論考があるからだ。つまり、微小な花粉は水分を含む土に落ちると、もう飛ばなくなるのである。

ところが風に乗って都会まで運ばれた花粉は、やがて地面に落ちるものの、そこは舗装されている。すると吸着されることなく、再び風に吹かれると浮遊するのだ。つまり同じ花粉がいつまでも漂っていることになる。それならば、いっそ都会でも「舗装を剥がして土の道にしたら、舞う花粉の量は減るのでは」という理屈を思いついた。

もちろん暴論だし、何の実証データもないが「スギを全部伐ってしまえ」という暴論といい勝負をしているのではないか?

それでも少し考えた。都会の道路の舗装を剥がすことは、そんなに暴論だろうか。費用対効果を考えれば、実現性はないのか。現在、花粉症対策には毎年数千億円が費やされている。それに地表を舗装することの是非は、昔から議論されてきたことなのである。

スギ花粉は小さいため、遠くまで飛び散る

たとえば東京の道路舗装は、関東大震災からの帝都復興のスローガンの下に進んだ。震災前の東京の道路は、意外や舗装は少なく凸凹道が多かった。雨が降れば泥道になったという。それを復興事業の一環で舗装を進めたのである。

しかし、異論も出た。復興計画を担った官僚や建築家、林学者、軍人、美術家まで加わった中で「歩道は砂利道・土道がよい」という意見が出ている。舗装は人の健康によくない、というのである。たしかに硬い舗装面を歩くと、膝などの関節に響く。後に、都会の犬に扁平足が多いのは、舗装道路のせいだという声も出たそうだ。

そのほかにも問題点は指摘されている。都会の地表が全面的に舗装されたことで、降水が地面に浸透できなくなり、それが都市に水害を起きやすくした。また舗装面の照り返しが、ヒートアイランド現象をもたらしている。光の乱反射や騒音も起きやすい。……などだ。

小学校で廊下を弾力のある木造にすると、子どもたちの怪我が減ったという研究もあった。土の地面も同じ効果があるはずだ。花粉症やヒートアイランド現象の解決だけでなく、人(や犬)の健康にも役立つとしたら一考に値するかもしれない。さらに土道が増えたら、土や草木に触れる機会も増えるだろう。それが都会人のストレスを和らげるかもしれない。そこに花粉症の患者の減少効果も加えたら、舗装を剥がす理論武装になる。

もちろん土道では雨が降ればぬかるむ。車の走行や人の歩行で凸凹になるだろうから、現実的とは言えない。しかし舗装技術も進歩している。水を浸透させ、花粉を吸着しやすい舗装素材も開発できるだろう。また緑地を増やすことも重要だ。

二〇一七年、千葉県市原市の小湊鐵道《こみなとてつどう》の養老渓谷駅では、駅前広場の舗装を剥がした。土を入れて、植樹もした。会社の所有する二〇〇〇平方メートルだけだが、ここを雑木林にして、郊外の自然とつなげる発想だ。

舗装を剝がす試みは世界中で行われている。たとえばイタリアなどでは中世の古い町並みの復活を掲げて、当時はなかったアスファルト舗装をなくす街がいくつもある。景観が変わっただけでなく、歩きやすくなったと評判だ。

目的は違うが、舗装は絶対必要だと考えなくてもよいだろう。

森からの花粉症対策は、ほかに何があるだろうか。

林野庁が花粉症対策として進める方法は、間伐促進のほか大きく二つある。一つは、無花粉スギ、もしくは通常のスギの一%以下の花粉しか飛散させない少花粉スギへの植え替えだ（自治体レベルでも開発は行われている）。無花粉スギは現在三品種、少花粉スギが一四二品種生み出されている。両者を合わせて「花粉症対策スギ」と呼ぶ。

しかし、いくら新品種を開発しても、それを植えなくては意味がない。近年の植林面積は年間七〇〇〇ヘクタール前後だが、そのうち花粉症対策スギは何%だろうか。ちなみに全国のスギ林面積は四四三万七五〇〇ヘクタール、ヒノキが二五九万九〇〇〇ヘクタール（林野庁ホームページより、二〇一七年三月現在）。花粉症の発生を減らすには八～九割を植え替えねば効果は出ないとされるから、今の植林面積がすべて花粉症対策スギだとしても、気の遠くなる先の話だ。

植える苗選びは、篤林家と呼ばれる熱心な林家にとって、非常に悩むところだ。病虫害への耐性なども重要だが、幹が曲がって育つなど、木質が悪い形質の苗を植えたら、以後何十年も無駄にする。一度植えたら何十年間も育てるのだから真剣にならざるを得ない。それなのに無花粉という特性だけで苗を選ぶのは怖いことだ。花粉は飛ばさなくても林業として成り立たないようでは困る。研究者は無花粉に加えて材質も考えて品種改良をしていると言うが、本当の材質が定まるのは何十年も育ってからだろう。無花粉スギが十分に普及する状況は想像しにくい。


薬剤によってスギ花粉の飛散を抑制する研究も行われている。

これはすでに生育しているスギから花粉を出さないようにする薬剤だ。花粉飛散防止剤には二種類ある。一つは天然油脂由来の界面活性剤で、夏から秋にかけて散布すると、雄花が生長できずに翌春の花粉の生成を減らすことができる。

微生物による花粉飛散防止剤もある。スギ黒点病を引き起こす「シドウィア・ヤポニカ」という菌（以下、シドウィア菌）は、スギの雄花に寄生する糸状菌（カビの一種）で、花粉に菌糸を伸ばして繁殖し雄花を枯死させる。そこで、シドウィア菌をスギ林に散布して、花粉の飛散を抑えようというのだ。すでに実用化に向けて動き出している。

実験では、一一月にシドウィア菌の胞子をスギに散布したところ、翌年の初夏に新しく伸びてきた雄花に胞子がとりついて発芽した。すると八〇％以上の雄花が枯死して花粉を出さなくなったという。

シドウィア菌は、枯死した雄花の中で再び胞子を形成し夏の終わりに飛ばす。そして、周辺の枝の雄花にも菌糸が広がり枯らすという結果が出た。直接散布された雄花だけではなく、感染が広がっていくのなら長期的な効果を期待できる。しかもシドウィア菌は、スギだけでなくヒノキの雄花にも感染することが確認された。ヒノキ花粉の飛散も抑えるかもしれない。この菌が感染しても、スギの生長に悪影響を出さないことは確認されている。

ただ実用化は簡単ではない。広大な森林への散布方法も課題だが、そもそも感染力は、そんなに強くない。自然界のシドウィア菌は、さほど広範囲に感染を広げないのだから。もしかしたら菌の活動を抑制する自然界の営みがあるのかもしれない。すぐに普及することは期待できないだろう。当分、花粉症患者の苦しみは続くということになる。

5 花粉症はスギがもたらす日本だけの病?

花粉症と言えばスギ。それにヒノキ。そう思い込んでいる人もいるが、それほど単純ではない。日本だけでも花粉症を引き起こす花粉(植物)は六〇種類以上ある。

アレルギー反応を引き起こす花粉の種類は、樹木ならスギとヒノキのほかにシラカバ、ハンノキ、オオバヤシャブシ、ケヤキ、コナラ、クヌギ、クリ、イチョウ、アカマツ、ネズなど。さらに草本のブタクサ、ヨモギ、ススキ、カナムグラ、カモガヤ……。実に多様な花粉症の原因植物が日本国内で確認されている。なかには輸入された外来牧草もあるが、最近ではイネ花粉でも起きることがわかった。さらにイチゴやトマトとかピーマン、バラ、そしてサクラの花粉に悩まされる人も出てきた。

目を海外に向けると、さらに花粉症を引き起こす植物は増える。

アメリカの花粉症でもっとも有名なのは、やはりブタクサだ。日本ではそんなに注目されていないが、アメリカでは四人に一人がブタクサの花粉症だと言われている。樹木花粉ならアカシアやオーク（ナラ）、ウォールナッツ、カエデ、クワ、ハンノキ、カバ、ニレなどが知られている。草本ではタンポポの綿毛も含まれるという。

イギリスでは、ブタクサのほかオーク、プラタナス。オーストラリアではアカシア、オーク、ニレ、デイジーなど。

さらにアフリカでも花粉症はあり、そこではイトスギが有名だ。これはスギといっても日本のスギとは別種で、イトスギ属の植物である。

このように花粉症を引き起こす植物を並べだすときりがない。しかも年々種類も増える傾向にある。各国とも国民の二～四割が花粉症だというから、割合も日本と似ている。

それなのに、なぜスギもしくはヒノキばかりが悪者扱いされるのだろう。

まず花粉症を日本独特のアレルギー反応のように思うべきではない。また花粉症を現代病として捉える人もいるが、昔から世界中で同じような症状の報告例はあった。どうやら人類と花粉は、相性が悪いらしい。サルやイヌにも花粉症はあるから、哺乳動物にとって花粉アレルギーは切っても切れないものなのかもしれない。

スギ花粉症で苦しむ人は「スギを伐れ」と言いがちだが、まさか花粉症の原因だからと、イネを栽培するな、サクラを全部伐り倒せ、という人はいないだろう。

実際に身の回りでイネやサクラの花粉症の人と出会うことは少ない。スギとヒノキの花粉症ばかりが目立つのである。そして非難が集中してしまう。

たしかにスギとヒノキの植林面積は多い。しかし里山のコナラやクヌギも相当な面積を占めるし、人里に近い。街路樹にはケヤキもある。さらにカモガヤやヨモギなどは、どこにでも生えている雑草だ。なぜこれらの花粉症は話題に上がらないのか。

幸いなことにイネ花粉症は広範囲に広がっていない。これはイネの花粉があまり飛ばないからだろう。ラグビーボールのような紡錘形で、粒径が三〇～一〇〇マイクロメートル前後と比較的大きいうえに、イネの背丈は低いから風に乗りにくい。だから遠くまで飛ばないのだろう。飛散距離はせいぜい一〇〇メートル、通常は一〇メートル程度だ。だから田んぼに近づかないと花粉に接触しない。またサクラは虫媒花なので、そもそも花粉の粒数が少なめで、風で花粉を遠くに飛ばさない。運び手は虫や鳥なのである。

ところがスギとヒノキは、花粉の粒径が一五～五〇マイクロメートルと小さいうえに樹高は数十メートルもある。しかも風媒花だから、風に乗って飛び散りやすくできている。だから風に舞い上がりやすく飛散距離は数十キロメートルにもなる。また浮遊する際にさまざまな物質に衝突したり、水分を吸収したりすることによって破裂する。すると一マイクロメートル前後の微小な破片になる。こうなると数百キロも飛ぶ。そんな破片でも花粉症の症状を引き起こすから、周辺にスギやヒノキがない都会でも花粉症が発生するのだ。いくら人家の近くのスギ林を伐採しても効果は限定的なのである。

ちなみに花粉の重量は、森林一ヘクタール平均で数百キロになる。スギの場合は豊作の年に年間一〜一・五トンになった記録もある。またスギの花粉の粒数は、ヘクタール当たり年間約四〇兆粒だった。多い年は一〇〇兆粒を超えるそうだ。もっともウラスギと呼ばれる挿し木苗で育てられる品種では、約四分の一程度。ヒノキは、ヘクタール当たり平均一六兆粒と、意外と少ない。これらの数値は、針葉樹・広葉樹を通して、特別多いわけではない。

つまり、花粉の数が多いことが、直接花粉症の発現につながるわけではない。ただ小さな花粉は風に乗って舞い、容易に地面に落ちない。落ちても都会では、土壌に吸着されずにまた風が吹けば舞い上がり、大気中に長く漂う。それに都会では、花粉のアレルゲン物質とディーゼル排気粒子などが一緒になることで、花粉症を引き起こしやすくなると言われる。花粉症蔓延の原因は、単純ではなさそうだ。

もしスギやヒノキの花粉が遠くまで飛ばなければ、花粉症も蔓延しなかったはずだ。花粉の数だけでなく飛散する距離なども、花粉症の発症に関係する。

今後、花粉症は世界的に増加傾向にあり、さらに悪化・蔓延する可能性がある。なぜなら気候変動と花粉症は関連しているからだ。

二〇二一年二月にアメリカの学術誌「PNAS」に発表されたウィリアム・アンデレッグ米ユタ大学生物学准教授（論文筆頭著者）らの論文によると、気候変動によって花粉飛散の時期は一段と長期化し、飛散する地域が広がるとともに花粉の数や濃度も著しく増加したという観測結果を発表している。

研究チームは、一九九〇年から二〇一八年にかけてアメリカとカナダ六〇カ所の拠点で長期間花粉を観測した結果、花粉シーズンが始まる時期は二〇日ほど早くなり、飛散日数も八日長くなったと発表した。花粉の個数や濃度も、一年を通して二〇・九％増加していた。春の花粉シーズン（二〜五月）に絞ると、増加率は二一・五％になっている。

地域別に見ると、花粉の増加傾向が最も大きく継続的だったのは米テキサス州と中西部だった。ここで花粉が増えた理由は完全には解明されていないものの、「こうした地域に生息する植物は、とくに温暖化の影響を受けやすく、花粉の量も増やした」可能性が考えられるという。

実際に多くの実験や観測で、花粉濃度は気温と相関していることは確かめられている。そこで過去三〇年間の花粉濃度を確認したところ、近年の地球温暖化と強く結びついていた。つまり近年の気候変動が、花粉飛散期間や濃度を増やし、それが呼吸器の健康に悪影響を及ぼす相関が確認されたのである。そして今後も、気候に起因する花粉の傾向が、呼吸器の健康への影響をさらに悪化させる可能性があることも示したのである。

この研究は、北米のデータによるものだ。しかし、日本も無縁とは言えないだろう。

日本でもよく似た研究が行われていた。福岡病院アレルギー科の岸川禮《れい》子《こ》医師が、一九八六年から国内二〇カ所以上で行政機関の研究者たちと協力して、空中を舞う花粉の採取を続けてきた研究がある。一平方センチ当たりの花粉数を調べる（二四時間）調査だが、そこでも近年になって花粉は増えているという。そして「七～八月の気象条件と翌年のスギ・ヒノキ科の花粉捕集数はよく相関」していると、気候変動との結びつきを指摘している。ようするに真夏に熱波が発生すれば、翌年の花粉数は増えるのだ。植物の生長がよくなるのと同時に、開花時期（花粉飛散時期）の延長も影響するのだろう。調べていないほかの植物の花粉も増えている可能性がある。もしかしたら、日本の森林そのものが豊かになっていることとも関係しているかもしれない。

花粉症の有病率は、一九九八年が一九・六％だったが、二〇〇八年に二九・八％、一九年には四二・五％まで急増している。もはや二人に一人が花粉症になる時代なのだ。

今後花粉の飛散を減らすのは難しいだろう。そしてスギやヒノキ以外の花粉症が頻発する可能性も考えられる。気候変動の影響は、風水害だけではないのである。

6 マイクロプラスチックは花粉症より危険？

これまで花粉症の原因物質は花粉だと（当たり前だが）紹介してきた。花粉と聞くと、すぐに身構え、危険物質かのように扱う人もいる。しかし本来の花粉は、植物にとって欠かせない繁殖の際の遺伝子の運び手である。花粉なくして植物は繁栄しない。

そこで花粉そのものの性質について考えたい。すると、そこから現在地球環境を悩ませている別の物質も浮かび上がってくるのだ。

まず花粉といっても植物の種類によって千差万別だ。形、大きさ、構造、そして成分もさまざまだ。花粉すべてが花粉症を引き起こすわけでもない。それに遺伝子を運ぶだけではなく、別の役割もある。

たとえばミツバチは花の蜜を集めながら、花粉団子をつくって足につけて持ち帰る。その一部は次にたかった花で受粉するわけだが、ミツバチも花粉を食べる。タンパク質のほかビタミンやミネラルなどを含む重要な副食なのだ。またハチミツにも花粉は含まれており、栄養価を高めている。人間も花粉を食すことがある（なかにはスギ花粉症を改善しようと、あえてスギ花粉を食べる人もいるが、効果については未知数だ）。

ただ、花粉を食べると言ったが、実は花粉の殻成分は、自然界ではなかなか分解しない。どれほど分解しないかと言えば、数万年前の花粉も土中で観察されることが知られるほどだ。自然界の物質循環としては非常にスローな存在かもしれない。

分解が難しいのは、花粉の細胞にはＤＮＡを安全に保管するための非常に頑丈な細胞壁があるからだ。それは花粉の外壁の主成分でスポロポレニンと呼ばれる高分子有機物だ。非常に硬いだけでなく、酸にもアルカリにも溶けない。普通の有機物なら、紫外線や熱で構造が壊れるし、微生物によっても分解されていくものだが、花粉の殻は、長時間経っても保存されるのだ（シダ植物などの胞子も同じ）。

とくに酸素の供給の少ない条件だと、長い年月を経て化石となる。細胞だけの化石だから微化石と呼ぶ。本章の冒頭で紹介したように、琵琶湖の湖底の泥から縄文時代のスギ花粉飛散量を推測できたのも、この微化石のおかげだ。

花粉をていねいに観察すると、その形や大きさから花粉をつくった植物の種類が同定できる。だから古い地層に含まれる花粉を分析することで、当時生えていた植物の種類を調べ、その植物の生育できる環境がわかる。それによって、当時の気候や地域の状況などを推定することが可能になるのだ。

たとえば縄文時代の地層からは草原性の植物の花粉が大量に見つかっている。このことから当時の日本列島は、一～二割が草原だったと言われる。またイネ栽培が始まっていたことも花粉から確認される。植物の種類から当時の気温もだいたい導き出せる。

先に森林の花粉重量はヘクタール当たり毎年数百キロになると記したが、短期間では分解されないから、どんどん土壌に蓄積されていくのだろう。

なおミツバチなど花粉を餌とする昆虫は、腸内の消化酵素によって花粉内のタンパク質など栄養素を吸収するが、細胞壁は消化されない。それは直腸に蓄積して、巣から出た際に脱糞して捨てている。

さて、花粉は難分解性で、物質循環の輪から外れがちと説明したが、現代社会には同じく分解しづらいゆえに問題になっている物質がある。プラスチックだ。人間が化学的に合成した素材だが、なかでも最近問題視されているのがマイクロプラスチックである。

このマイクロプラスチック問題を考えたい。花粉とも通じる点があるからだ。

マイクロプラスチックとは、五ミリ以下のプラスチックを指す。その多くは、大きなプラスチックが紫外線や熱、波や風雨など物理的な力で小片になったものだ。五ミリ以下といっても、実態ははるかに小さくなって顕微鏡でしか見えないほどの微粒子もある。それらは大気中を漂い続けていると思われる。

世間はストローやレジ袋をやり玉に挙げるが、化学繊維も大きな発生源だし、洗顔料など化粧品に含まれるマイクロビーズも多い。また農業で使われる二〜四ミリ程度の肥料カプセルも問題だ。肥料効果に時間差を設けるためのものだが、ほかにも苗床のマルチやハウス栽培に多くのプラスチック材料を使っている。

水産業でも、浮きなど漁具の多くがプラスチック製だ。それが海に流されると、やがて紫外線などで分解してマイクロ化する。深海底にそれらが積もっているそうだ。

このようにマイクロプラスチックは土にも水にも含まれて、人間だけでなく多くの動物に摂取される。だから問題だというのだが……私は、なぜ問題なのか、十分に納得していない。それは花粉が必ずしも害毒ではないことからの連想でもある。

水中を漂うプラスチックを、魚類や貝類、あるいは鳥類や海洋哺乳類が誤嚥《ごえん》してしまいがちなのはわかる。たとえば海の中に浮遊するビニール袋などをクラゲと間違って食べたウミガメが死ぬ。奈良のシカも、レジ袋などを食べて胃に溜めてしまうケースが問題となっている。胃袋にプラスチックが詰まって、肝心の餌が食べられなくなり栄養失調になるからだ。

しかし、マイクロプラスチックはどうだろうか。

小さいゆえに、ほとんどは胃腸を通り抜けて排出されるだろう。小魚や貝の場合は、消化管が細いため滞留するかもしれない。ただプラスチックそのものに有害性は認められない。プラスチックに可塑剤や紫外線吸収剤、酸化防止剤、剝離剤、難燃剤などさまざまな物質が添加、もしくは吸着されているから危険という指摘もある。しかし具体的にどんな成分がどのように有害なのかはっきりしないし、排出までの体内滞留時間内に溶け出す量は極めてわずかだろう。

WHOは、二〇一九年に飲料水中のマイクロプラスチックに関するレポートを出したが、結論として健康に対するリスクの懸念は低いとした。

学術誌「ジャーナル・オブ・ハザーダス・マテリアルズ」（二〇二一年一月号）には、中国の科学者がマイクロプラスチックの潜在的影響の評価を試みた報告が載った。ポリスチレンの粉をミツバチに二週間食べさせたのだが、死亡率に変化は見られなかった。

もちろん地球上に自然界にない合成物質が蔓延することを是とするつもりはない。しかし自然界でプラスチックがどこまで細かくなるのかさえ、まだわかっていない。即危険と断定するわりには、根拠が薄弱なのである。

ときに「自然界で生まれるものはすべて分解されるのに、人工的に合成されたプラスチックは分解しない。だから物質循環を妨げる」といった解説もある。だが、花粉のように自然界にも難分解性の物質はいろいろある。

　樹木の樹液が固まった樹脂も、揮発成分が抜けて固形化すると、非常に難分解性になる。わかりやすいのは琥珀《こはく》だろう。琥珀の主成分は高分子のイソプレノイドだが、難分解性で数千万年経っても変化しない。小説もしくは映画の『ジュラシック・パーク』では、琥珀の中に閉じ込められた蚊の消化管から恐竜の血を取り出し、そのＤＮＡを抽出することで恐竜を復活させるが、そんなアイデアが生まれたのも、琥珀が長く分解せず蚊の身体と吸った血を保存する可能性があるからだ。

　ともあれ、花粉とマイクロプラスチックはよく似ている。花粉症の被害と、マイクロプラスチックの危険性とを天秤にかけたら、どういう判断が出るだろうか。たとえばマイクロプラスチックによってアレルギーが発現すれば、花粉以上のリスクと認定されるかもしれない。

VI SDGsの裏に潜む危うさ

地球環境に優しい行動の常識

今や人類の活動が地球史のフェーズを塗り替えた「人新《ひとしん》世《せい》」に入ったとされる。自然のバランスは崩れ、気候変動を招き、生物多様性の危機をもたらした。これ以上進むと人類社会も危機となる。そこで掲げられたのがＳＤＧｓ（Sustainable Development Goals）と呼ばれる「持続可能な開発目標」だ。そこに示された一七の目標と一六九のターゲットに沿って、再生可能エネルギーへの転換や農林水産業の改革が必要だとする。

　まず樹木は大切にし、できる限り伐採は控えたい。木材の使用が森林を破壊する。とくに樹齢数百年から数千年も生きてきた大木は、なるべく保全すべきだ。

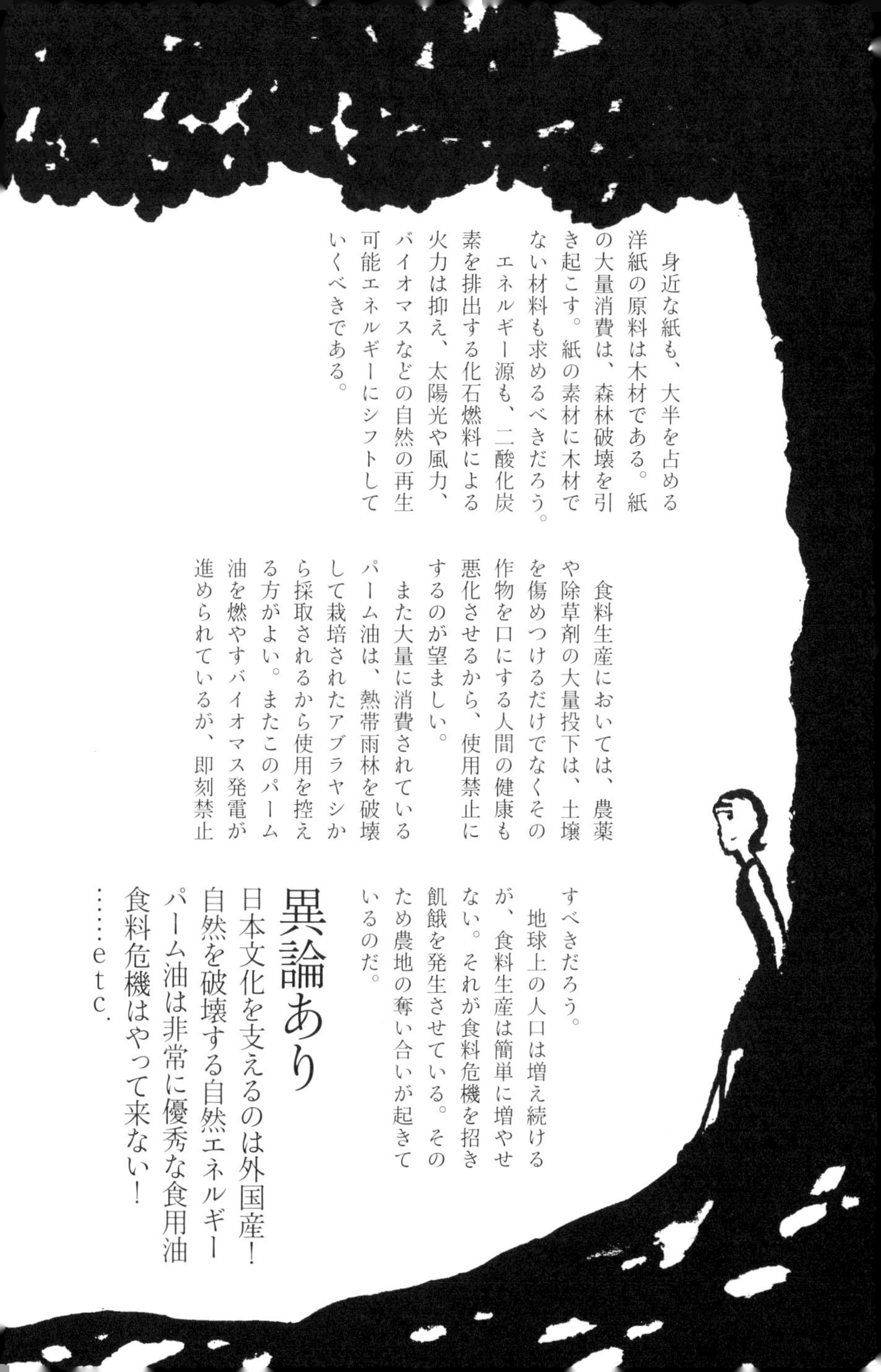

　身近な紙も、大半を占める洋紙の原料は木材である。紙の大量消費は、森林破壊を引き起こす。紙の素材に木材でない材料も求めるべきだろう。

　エネルギー源も、二酸化炭素を排出する化石燃料による火力は抑え、太陽光や風力、バイオマスなどの自然の再生可能エネルギーにシフトしていくべきである。

　食料生産においては、農薬や除草剤の大量投下は、土壌を傷めつけるだけでなくその作物を口にする人間の健康も悪化させるから、使用禁止にするのが望ましい。

　また大量に消費されているパーム油は、熱帯雨林を破壊して栽培されたアブラヤシから採取されるから使用を控える方がよい。またこのパーム油を燃やすバイオマス発電が進められているが、即刻禁止すべきだろう。

　地球上の人口は増え続けるが、食料生産は簡単に増やせない。それが食料危機を招き飢餓を発生させている。そのため農地の奪い合いが起きているのだ。

異論あり

日本文化を支えるのは外国産！

自然を破壊する自然エネルギー

パーム油は非常に優秀な食用油

食料危機はやって来ない！

……etc.

1 桜樹は日本人の心だから保護すべし？

「サクラ一本、首一つ」という言葉がある。サクラの木を伐ると、首が飛ぶという意味だ。現代における〝首〟の主は、だいたい公園や緑地の管理担当者である。

これは公園や街路樹、城址《しろあと》などに植えられたサクラを諸事情で伐採しようとすると地域の市民が猛反発して、担当者が辞めさせられてしまう……という状況を表している。本当にそんなケースがあるかどうかはともかく、それほど市民はサクラに敏感に反応する。サクラの花が一斉に咲いて一斉に散る姿が、日本人の精神性を表すという声もある。日本人にとって、サクラは特別な花であり樹なのだ。

サクラ、なかでも花が一斉に咲いて一斉に散るソメイヨシノを好むことが悪いわけではない。

しかし、スギは花粉症を引き起こすから伐れと合唱しつつ、サクラは守れというのは、どこかおかしい。生存が危ぶまれる希少種でもないのに偏愛し伐採に反対するのは、どこかいびつだ。同じことは、イヌやネコ、欧米人のクジラへの眼差しにも感じる。

日本人がサクラを偏愛し始めたのはいつ頃だろうか。万葉集によると、花見と言えばウメだったようだ。そして明治初期まではさまざまな花による花見の宴が行われた。サクラだけが日本を代表する花とは言えなかったようである。

地理学者である志賀重昂《しげたか》が執筆した『日本風景論』は興味深い。

この本は、一八九四年に刊行されたロングセラーだが、そこで論じられた日本の美しい風景として「気候や海流の多変多様な点」「水蒸気が多量なる点」「火山が多い点」「流水の浸蝕激烈なる点」の四つを挙げている。花の風景はあまり登場しないのだが、サクラの花に触れている箇所がある。

「其の早く散る所是れ惜しまるゝ所なるも、忽ちにして爛漫、忽ちにして乱落し、風に抗す能はず雨に耐え得ず、狼藉して春泥に委す所、寧ろ日本人の性情とせんや」

サクラの花が雨や風にあっさり散る姿をひ弱い、これは日本人の心に合わない、と嫌っているのだ。むしろ断崖絶壁に根付くマツに、日本の風景の良さを見つけるべきだとする。日本人は、厳しい環境にも耐えられるとマツに投影したのだ。思えば刊行されたのは日清戦争の前年で、国威高揚の狙いがあったのだろう。

樹齢数千年の屋久杉(縄文杉)は保護すべきか

ところが、それから半世紀経たないうちに「日本人はパッと咲いてパッと散る」ことを潔いとし、サクラこそが日本人の心を表すと叫ぶようになる。そしてパッと戦争に突入して、パッと命を散らせることを潔しとするようになった。

今ではマツ枯れが進み、断崖絶壁に育つマツもあまり見なくなった。日本の風景も、日本人の好む樹木も、時代とともに移り変わっていく。

現代の日本では、大木にも偏愛傾向が見られる。大木の伐採には猛烈な反発が起きる。大木の定義はあやふやだが、たとえば街路樹が大きくなりすぎて通行を阻害するから伐ろうとしても反対は起きる。

私が奈良県の吉野林業の取材に行った際、二三〇年生のスギを一〇本ほど伐採する現場に立ち会う機会を持ったことがある。いずれも直径は一メートルを優に超える。そんな伐採現場を目にした経験を友人に話すと、非常にいやな顔をされたことがある。そんな大木を伐るなんて、という反応が出たのだ。

しかし、木材を生産するために植えた木を、収穫作業として伐ったのだ。農業ならば育てたイネでもダイコンでも、収穫で刈り取ったり引き抜くのは当たり前だ。ところが大木の伐採となると、忌むべき行為と感じる人がいる。

その理由を考えると、まず大きな樹木は風景になっていることがあるだろう。とくに大木の場合は、長い年月を自然界に揉まれて生き抜いた姿に感動するのだろうか。街の人にとっては、樹木は物質ではなく精神的癒やしの役割が強まったのではないか。

私も大木が嫌いなわけではない。わざわざ各地の大木を見て歩いている。そして幹回り一〇メートルを超えるような木に対峙すると、神々しささえ感じる。

しかし、大木だからと別格扱いばかりしていられない。

市街地にある街路樹を例に取ると、道幅を広げるために邪魔になるケースとか、伸びた枝が電線に触れたり、建物を圧迫しているケースも少なくない。大木が病害などで枯れかけている場合は、倒れて近隣の建物を壊したり、人命に関わることもあるだろう。最近は、大量に出る落葉を嫌う、春先に毛虫がつくなど周辺住民の伐栽希望も出る。近年蔓延するナラ枯れ（カシノナガキクイムシの媒介するナラ菌によってナラ類の樹木が枯れる現象）も、防除という点からは、枯れる前に太い木を除くのがよい。

また生態学的にも、大木ばかりで後継樹が育っていないと森を持続的に維持できない。大木が樹冠を広げすぎると地表に光を通さず若木が育たないし、地表に草が生えず、降水によって土壌が流亡しかねない。生態系からすると、樹齢も樹種も多様な木々が生えている森林が豊かなのだ。大木は適度に取り除くのがよいのである。

それなのに森林整備というと、大木を残してその下に育つ低木や稚樹を伐採するケースが少なくない。それでは次世代の木がなくなるわけで、森の「少子高齢化」を進めてしまう。

古い説話集などには、巨樹を伐採する逸話が散見する。日本人は大木を畏怖しながら、同時に木材資源として伐採していたことがわかる。樹木に対する見方が現在とは違っていた。

しかし、伐採計画に納得を得るのはなかなか大変なようだ。反対意見が強硬だからだ。

私自身も経験している。某地方の大ケヤキはヤドリギが繁殖して、取り除いてもすぐに生えてくる。また幹の半分が落雷で焼けていた。そこで土壌改良を施したり、腐朽した幹や枝を除いて充填材を詰めたり……と大変な労力を費やしていた。

私は、成り行きに任せたらよいのではないか、と記事に書いた。自然のままにして枯れるなら寿命が来たと思えばよいし、ヤドリギは必ずしも母木《ぼぎ》を傷めるわけではないから、そのまま残してもいいかもしれない、という意味である。

だが、猛反発を食らったのである。ご神木を守ろうとしているのに何を言うか、と激しくネットで攻撃された。何をもって「ご神木」というのかもわからないが、もはや理性的な議論にならない。大木というだけで、血相変える人がこんなに多くいるのか、と思い知った次第である。

日本人の樹木とのつきあい方は変遷している。現代的なつきあい方とは何だろうか。

2 和紙も漆も自然に優しい伝統工芸？

日本は森林利用、植物利用に長けた国だ。伝統工芸の多くが植物資源に頼っている。木材や樹液、樹皮など何でも利用してきた。肝心なのは、それが自然界にあるものを無駄なく、栽培もしながら使うもので、自然との共生につながってきたことである。

そうした点も認められて、二〇一四年にはユネスコの無形文化遺産に島根県の石州半紙《せきしゅうばんし》、岐阜県の本美濃紙《ほんみのし》、埼玉県の細川紙《ほそかわし》が「和紙　日本の手漉《てすき》和紙技術」として登録認定されている。

だが現在の工芸品には、芳しくない疑念が拭えずにある。

和紙は、中国から伝わった紙を独自に進化させたもので、強靭さや独特の風合いを持つ。日本画の素材のほか、文化財修復にも長期的柔軟性と耐久性、安定性を持つ和紙が欠かせない。

また紙幣にも使われる。

この和紙の材料、そして産地を知っているだろうか。

コウゾやミツマタ、それにガンピの樹皮が原料だ。いずれも落葉低木で多くは栽培している。栽培期間は数年間なので、木材生産より早い。また使うのは木質部分ではなく、樹皮の繊維である。

私もほんの少しだけ和紙原料の製造過程を体験したことがあるのだが、まず刈り取ったコウゾの茎を煮沸するなどして樹皮を剝く。直径数センチの茎から樹皮を剝がすのはなかなかの手間だ。さらに、その樹皮をほぐして繊維にする工程と、繊維の中のゴミを取り除く作業もあって、正直気が滅入《めい》るほど根気がいる。

ところが、今やその産地のほとんどが外国だ。中国産が多いが、タイ、ベトナムなど東南アジア産も少なくない。現地で樹皮を剝いたものを乾燥させて輸入している。つまり和紙生産の重要な工程が海外任せなのだ。

某有名和紙産地でこっそり聞き込んだところ、コウゾもミツマタも、ほぼ全量が輸入物だった。中国産のほか、タイ産や最近では南米パラグアイ産も入ってきているという。しかし輸入品は品質的にはいま一つで、油分が多くて漉きにくいとか、樹皮を剝く処理に強酸性薬品を使用しているので繊維が劣化しがちとか……いろいろな指摘もある。しかし国産のコウゾは激減しており、現在は全国で三〇トンくらいしか生産されていないからまったく足りない。

この点だけでも、和紙は日本製と言えるのか疑問を感じてしまうのだが……。

輸入物でも本物のコウゾやミツマタを使っているのならまだよい。さらに驚かされたことには、紙漉き産地の多くで木質パルプを混ぜている事実にぶち当たったのだ。さらには古紙を水に溶かして混ぜるところもあるという。その配分は全体の半分以上。木質パルプは樹木の木部を砕いた繊維だし、古紙も洋紙だろう。新聞紙が混ざっても和紙か？

材料が外国産であるどころか、そもそも和紙の材料を使っていないとしたら、何が（日本の文化としての）和紙なのかわからなくなる。和紙の定義を問われるだろう。

和紙の材料はコウゾやミツマタなどの樹皮のはずだが……

付け加えると、漉き工程では、水中で繊維を拡散させるのに合成薬剤アクリルアミドが使われている。本来はトロロアオイという植物から抽出する粘液を使うが、トロロアオイの生産量も年々減少しており、なかなか手に入らないからだ。

表向きの和紙生産量のうち、純粋な和紙は、どれぐらいあるのだろうか。

「ジャパン」とも呼ばれる漆芸。それほど漆工芸は日本のお家芸なのだが……肝心の漆も産地を知ると寒々とした裏事情が浮かび上がる。

漆とはウルシノキの樹液を精製したもので、主成分はウルシオール。これが湿気と結びついて固まると、堅固な塗料となる。さまざまな工芸品に欠かせない素材である。さらに蒔絵や螺《ら》鈿《でん》、金泥《きんでい》……など多くの工芸にも必要不可欠だ。

ところが、その漆の産地が問題になっている。

というのも、文化庁が、国宝や重要文化財の建造物の修復に使われる漆は、下地も含めて国産の漆を使うよう通知したからである。しかし国産漆の生産量は、消費量の五％しかなく、文化財に限っても必要量を確保できそうにない。通達どおりにするには、年間二トン以上の国産漆が必要という。現在の生産量の何倍になるだろうか。

ことの発端は、日光東照宮だった。修復工事が終わってわずか三年目にして塗られた漆が剝げだしたというのだ。ほかにも各地で建物の修復工事後わずか数年にして漆塗料が剝げる事例が相次いでいる。通常は五〇年以上持つはずなのに。その理由として、漆塗りの部分を国産漆ではなく中国産漆を使ったから、と指摘された。

ウルシノキは中国原産で、日本には縄文時代に持ち込まれたものだ。つまり同種なのだ。それなのに、なぜこんな問題が起きるのか。

中国産漆は、ウルシオールが国産より七％ほど含有量が少ないという。これは品種の問題だろうか。日本のウルシノキは長い年月のうちに品種改良されたのかもしれない。いずれにしても、これを機に文化財の修復には国産漆、という気運が出てきた。

しかし私は「日本の漆は中国産漆より品質が高い」という発想に疑問がある。仮にウルシオールが少なめだったとしても、濃度は精製の段階で調整するものだ。それで五〇年持つと言われた漆塗りが三年で剝げた理由にするのは怪しい。

加えて日本が漆を中国から輸入するようになったのは、何も最近のことではない。桃山期（安土桃山時代から江戸初期の鎖国以前）からタイなど東南アジア、中国華南地方から輸入されていた。輸送はオランダを通しており、南蛮貿易の一部だった。元禄文化の華開いた江戸時代中期には、中国産漆なくして漆工芸は成り立たなくなっていた。ちなみに東南アジア産の漆は、成分がウルシオールではなく、チチオールやラッコールだ。

そして明治になると、漆消費量の八割が中国産漆になった。東南アジアなどからの輸入も合わせると、約九割が輸入漆だった。その頃の漆を使った工芸品は、三年でダメになったのか。現在つくられている漆芸品も、中国産と国産で区別するのは不可能だ。出来に差がつくと主張するのは、一部職人の強弁《きようべん》だろう。

気になるのは、漆の生産方法だ。

日本では、樹液の採取は植えて一〇年以上、一五年程度までのウルシノキに特殊な刃物で傷をつけて、にじんできた樹液を素早く搔き取る。初夏から晩秋までの間に幾度も行って樹液を集める。そして最後に伐採する。常に若い樹木から採取した方が、樹液も多く質がよいものが採れるからだそうだ。採取した後は、その木を伐り倒すから「殺し搔き」と呼ぶ。この方法が取り入れられたのは明治になってかららしい。

一方で中国では毎年同じ木から樹液を採取する「養生搔き」だ。しかし樹勢が衰えているので、翌年からは減少気味で、樹液に含まれるウルシオールも薄まるという。また樹液の集め方は、傷をつけたところに皿や壺を設置して、樹液が垂れて溜まるのを待つそうだ。容器に受けて溜める過程でほこりが混ざりやすいうえ、にじみ出てから採取までの時間が開くので、劣化しやすくなるのかもしれない。

樹液を加工して漆に仕上げる工程にも注意が必要だ。原液を輸送する過程で扱いが悪いと腐敗してしまうのだ。混ぜ物をするという話も聞いた。増量するためである。

実際、輸入された漆の原液を目にしたことがある。それは濁った灰色をしていて、腐敗臭がした。純正の漆は半透明で爽やかなニオイがするというのに。

つまり、中国産漆の問題は、樹液の採取方法や流通、

ウルシノキを傷つけて樹液を採取する

そして精製法に目を向けるべきだろう。ウルシノキそのものではない。それに、国産漆を中国産漆に混ぜて使われるケースが決して少なくないのである。

神棚や仏壇に欠かせないサカキやシキミも九割以上が中国産。葬式用の菊花も中国産が増えている。竹工芸品も、材料だけでなく製造も中国産が大半だ。日本独特の高品質木炭と自慢される備長炭だって多くが中国で焼かれている。

もちろん、外国産原料をすべて否定するわけではない。工芸を支えてくれて、日本文化に貢献してくれたと考えるべきだろう。しかし、原料や製造を海外に任せておきながら日本文化だと誇るのはどこか違わないだろうか。

3 木材を使わない石の紙は環境に優しい？

洋紙の世界に不穏な動きがある。

前節で和紙原料に洋紙と同じ木質パルプを混入させるケースがあると記したが、洋紙原料は森林を伐採して調達する。だから紙が森林を破壊する元凶と思われがちだ。

そこで近年話題に上がり始めたのが、ストーンペーパーだ。つまり石からつくられた紙である。具体的には石灰石を原料とする。

木質パルプを使わず、主に石灰石（炭酸カルシウム）をポリプロピレンなどの合成樹脂によって接合して紙そっくりに仕立てたものである。見た目は一般の紙と大きな差はない。当然ながら印刷もできるし、用途も通常の紙と同じだ。台湾で誕生したのだが、最近は国産品が伸びている。

たとえば「LIMEX《ライメックス》」という商品は、石油由来の樹脂約〇・二〜〇・四トンと石灰石約〇・六〜〇・八トンで、合計一トンの「紙」をつくれるという。

私の手元にあるストーンペーパーは、不思議な手触りだ。ツルツルとも言えず、ざらついているとも言えず……。しっとりとしていて、強度はある。それでいて、引っ張っても、まったく破れなかった。ハサミなら切れるが手では簡単にちぎれない。水に濡れても破れない。だが一番の宣伝文句は、原料が木ではないから森林を破壊しない、製造時に水を使わないから汚水も出ない。だから環境に優しいということである。

また原料は石灰石だが、これは日本国内にも大量にある資源で、枯渇の心配はない。このように「森林保護」「減プラ」を掲げられるのは、SDGsなど環境貢献を推進しなければならない企業には有り難い謳い文句だ。

ストーンペーパーの大量の用途として見込まれるのが、プラスチック包装の代替品だ。プラスチック（ビニール袋など）を減量できるからエコだというのだ。

だが。木材が原料でないから環境に優しい、というのは一面的すぎるだろう。製紙原料の調達が森林を破壊すると決めつけるのも浅はかだが、環境と紙の関わりはもっと複雑だ。

何よりこの紙はリサイクルできない。パルプを含んでいない紙だから、そもそもリサイクルの対象にはなりえない。

だが紙の代替として使われると、一般の紙と区別しにくいのが問題となる。気がつかずに古紙回収に出されてしまうと厄介だ。古紙再生会社にとっては再生できない「古紙」を買わされた挙げ句、製紙工程に影響が出てしまう。通常、古紙リサイクルの工程では、古紙を溶解して脱色、不純物除去などの工程を経て漉き直すのだが、石灰成分や合成樹脂が本来の紙製品に混じると工程に異常が生じるのだ。異物がクリーナーなどのスクリーンや配管を詰まらせやすい。

それに、プラスチック減量と言いつつ石油からつくられた樹脂を混ぜている。重量の2割から4割はプラスチックとのことだが、ライメックスの買い物袋を成分分析したところ「プラスチックが四八・六％、炭酸カルシウムが四一・一％」だったという（「オルタナ」調べ）。少なくないプラスチックが使われているのは間違いない。

全部プラスチックの包装紙に比べたら少ないと言いたいようだが、通常のパルプによる紙にはいっさい石油系の原料は混じっていないのだから、紙と比べたら新たにプラスチックを増やしている。「減量」とは言葉のあやだろう。

そもそも石灰石は豊富にあるというが、こちらも地下資源であり、再生することはなく、持続可能とは言えない。それどころか石灰岩の採掘は山を丸ごと削るような鉱山が多く、景観を変えてしまうだけでなく、地表の生態系を壊す。一方でパルプの元である樹木は再生可能資源だ。伐っても再び太陽と水と空気によって育つ。ついでに言えば、水だって地球を循環する再生可能資源と言えるだろう。

また石灰石にしろ合成樹脂にしろ焼却したら二酸化炭素が発生する。木材のようにカーボンニュートラルの理屈は通じない。石灰石を燃やすと灰分（ようするに焼け残り）が非常に多く出て、焼却場でも厄介者となる。焼却炉自体も傷める。

このようなストーンペーパーを「環境に優しい」と言われると、違和感を覚える。まったく使うなとは言わないが、特殊紙の一つにすぎない。「木を伐らない」ことを売り物にするのも「伐って森を守る」と唱える林業の否定になってしまう。

そもそも、木からつくる紙そのものが森林破壊と見られがちだが、現実にはどうなのだろう。まず日本製の紙は、基本的に原料はすべて植林された森から調達されている。海外から輸入している原料の木質チップ類も同じだ。外国から輸入される紙の中には原生林の木を伐採しているという指摘もあるが、それはまた別の問題だろう。

木材利用の中でも製紙は重要な位置づけにある。なぜなら建築材や合板などの用途では必ず端材《はざい》が出るからだ。林業現場では丸太を三メートルなど一定の長さに造材するが、そこで端材が出る。あるいは広葉樹などの雑木も混ざる。それらを無為に捨てるのではなく、パルプとして利用するのだ。問題は、過剰な伐採で持続性を失っていないか、原生林など貴重な生態系を破壊せずに調達しているか、という点だろう。

また日本は、紙のリサイクル率が高い。回収率が八四・九％（二〇二〇年）の優良国だ。もっともイギリスは九〇％、韓国は八七％と、さらに高い国もある（二〇一八年）。そして古紙の配合率も上がってきた。古紙率一〇〇％から七〇％の再生紙がつくられている。

ただ、古紙のリサイクル率をこれ以上上げるのは難しいだろう。リサイクルできない紙が増えてきたからだ。

リサイクルできない紙は、汚物などがついているもの、写真などの印画紙、カーボン紙、レシートなどの感熱紙、ラミネート紙（酒の紙パックなど）もダメ。マスクや紙手拭きに使われる不織布もダメ。紙コップ、紙皿など防水加工しているものや、石鹸や柔軟剤の臭いがついている包装紙もダメ。そのほかシールや粘着テープの張られたもの、ワックスが塗られた段ボールも向かない（公益財団法人古紙再生促進センターのＨＰより）。

ダメダメ尽くしではないか。

厄介なのは、リサイクルの是非は人の目で区別がつきにくいことだ。紙マークやプラスチックマークを添えられているものもあるが、小さなマークを確認する前に、直感で紙だ、プラスチックだと判断するのが普通だろう。そして間違えることも多い。

もちろん量的には新聞や雑誌、書籍、広告の紙などリサイクルできるものが圧倒的に多い。しかしリサイクルできない紙が混入してしまうと、全体がリサイクルできなくなるのだ。古紙リサイクルには、それらを分離する工程があるのだが、すべてを取り除けるわけではない。少しでも残ってしまうと、再生紙にはならない。

なお純正の紙の場合も、すべてが木質パルプではない。たいてい滲みを抑えるサイズ剤（松脂

（まつやに）や石油系樹脂）が使われているし、そこに紙を不透明にする塡料《てんりょう》や増強剤、着色剤も添加されている。それらの多くは合成樹脂やタルク（鉱物）であり、なかには炭酸カルシウムもある。幸い現在使われている量ならばリサイクル工程で取り除くことができるのだが、結構な化学薬品とエネルギーを費やす。

また古紙は輸出入される国際商品となっている。日本でも回収された古紙のうち約二割を海外に輸出している。アメリカの古紙を日本が買うこともある。しかし移動距離が伸びれば伸びるほど、エネルギーを消費し、二酸化炭素の排出を増やす。

近年、中国は固形廃棄物環境汚染防止法を制定した。廃プラスチック、雑紙などの廃棄物などの輸入を段階的に停止するものだ。東南アジア諸国にも同じような法規制が設けられ「ゴミ輸出」を拒否するようになった。

自国で出したゴミは、自国で処分するというのが国際的な取り決めなのだ。ただ輸出入で古紙量の変動を補っている面もあり、それが機能しないと需給バランスが調整できず日本の古紙回収システムが上手く動かなくなりかねない。

紙を、森林破壊だ、いやリサイクルの雄だと決めつけることには気をつけたい。

4 再生可能エネルギーこそ地球を救う？

　パリ協定発効後、世界はようやく二酸化炭素の削減に本気になってきた。日本でも遅ればせながら二〇三〇年に四六％削減という大目標を公表した。なりふり構わぬ排出削減を果たすには、石炭・石油など化石燃料の使用を極力抑えなければならない。そのためには再生可能エネルギーに置き換えていく必要がある。

　だが、日本政府の掲げる方針は、残念ながら怪しい。とくに再生可能エネルギーの旗を振っているものの中には、効果に疑問があるどころか逆に悪影響を出すものもある。

　ここでは、とくに一定期間、再生可能エネルギーを高く買い上げる固定価格買取制度（ＦＩＴ）に認定された電力を、森林への影響という点から見たい。

森を食いつぶすバイオマス発電

まずは森林にもっとも関係が深く、急速に数を増やしているバイオマス発電。

バイオマス発電は、これまで化石燃料を燃やしていた火力発電の燃料を再生可能な生物系物質、つまりバイオマスに置き換えるものだ。一部に家畜排せつ物や下水汚泥など、有機物を発酵させて生成するメタンガスによるものもあるが、大部分が木材だ。ただ当初は、育林のため山に伐り捨てる間伐材、木材を搬出する際に出る枝条、製材時に出る端材や解体された建築物などの廃材を燃料とする発想だった。つまり、ほかに使い道のない木材を燃料にしようという考え方なのである。

ところが現実は、山の木を全部伐り、仕分けもせず丸ごと燃料にするケースが増えてきた。なぜなら燃料が足りないからだ。林地残材など未利用木材（FIT価格は一キロワット時当たり三二円）を燃料にする五メガワット級の発電所では、年間六万トン、約一〇万立方メートルもの木材を燃料とする。これだけの量を毎年集めるのは至難の業だ。そのため伐採した木を仕分けせず、立派な建築材向きの木も全部燃料にするケースが増えた。仕分けコストを惜しむ面もある。通常なら燃料にする木材の価格は非常に安いが、FITのおかげで嵩上げされているから発電に使えるのだ。ちなみに、この嵩上げ額分は、消費者の払う電気料金に上乗せして取られている。知らないうちに高くなっているのだ。

燃料用に伐採する場合、木材の質に気をつかう必要はない。折れていても傷だらけでもよい。単に量が勝負だからだ。だから荒っぽい施業が増えた。伐採地の再造林をしないところも多く、はげ山のまま残される。さらに盗伐が横行する。再生は可能性だけで終わり、むしろ森林破壊を助長しているエネルギーと言えるだろう。

やがて輸入で大量に調達できるPKS（ヤシ殻）や木質のペレット、チップを使うバイオマス発電が増え始めた。こちらはFIT価格が下がる（二四円。および入札制）ため、採算に合うよう一〇メガワット以上の規模の設備になる。

だが遠距離輸送のため二酸化炭素の排出量は増える。しかもPKSの元となるアブラヤシ農園の多くは熱帯雨林を破壊して開かれたものだし、木質ペレット・チップもわざわざ木を伐採して製造されるものが多い。パーム油など植物油を燃料にするものもある。海外の森林を破壊してつくった燃料による発電が、地球環境に貢献したと言えるのか。

ＥＵではバイオマス電力を再生可能エネルギーと見なすかどうかの基準となる「持続可能性基準」の厳格化を進めている。バイオマス発電はＥＵの再生可能エネルギーのうち三分の二近くを占め、風力発電や太陽光発電などを上回っている。現在は「基準」を適用するのは発電容量二〇メガワット以上の発電施設に限られるが、これを五メガワット以上に引き下げる方針だ。なお、熱利用も盛んだし、パーム油なども認めていない。ちなみに日本は、熱利用もせず適用規模の制限もないユルユル基準だ。

太陽光発電の二酸化炭素収支も怪しい。希少金属を使うソーラーパネルの製造エネルギーコストも問題だが、太陽光のエネルギーは面積当たり薄く密度は低いので、大面積にソーラーパネルを並べないと十分な発電量にならず儲からない。最近は一〇〇ヘクタールを超えるものも増え、なかには五〇〇ヘクタール、最大規模の計画は七二〇ヘクタールという超弩級《ちょうどきゅう》のメガソーラーの計画もある。そのうえ必要な環境アセスメントを緩める動きも出てきた。

これだけの面積を確保しようと思ったら、建物の屋根部分や休耕地などでは確保できない。狙われるのは森林だ。国立環境研究所は、太陽光発電所の建設によって失われた生態系は、雑木林・人工林、人工草原、畑、水田が多いとする調査結果を発表した。国立公園など自然保護区内まで広がり、生態系の破壊が進んでいる状況を明らかにしている。

森林を伐採して、どうして二酸化炭素の削減に寄与すると言えるのだろうか。しかも山間部では、気象災害で崩壊する心配も高い。斜面を造成するのだから、大雨で山が崩れたり強風でパネルが飛ばされる事故は多発している。

風力発電も風のエネルギー密度は太陽光以上に低く不安定だ。そこで風車を大型化し、大量に並べる必要がある。もちろん風が一定方向によく吹く場所といった縛りもある。そこで山の尾根部分に風車を並べることが多いが、これも森林を伐採して建設する。規模や立地条件にもよるが一基の建設に一ヘクタール前後の土地を切り開く。最近は大型化が進んでいるので、二ヘクタールを超えるケースも出てきた。それとともに建設道路、そして完成後の管理道路の開削と、送電線も山間部なら長距離を敷設しなくてはならない。

近年は、年間一〇〇基以上の建設が進んでいる。こちらも環境アセスメントを緩める方向だが、人里の近くでは騒音・低周波問題などの発生という問題も抱える。なお注目されている洋上風力発電所は森林伐採こそないものの、建設とメンテナンスのコストが高くなるだろう。海風を浴びると傷みやすいが、洋上だと簡単に近づけない。加えてバードストライク、つまり鳥の衝突も重大問題だ。

森林の破壊には、二酸化炭素の排出が伴う。しかも森林の持つ生物多様性や防災機能も低下するだろう。地球環境から見てプラスにはならない。環境負荷の低いエネルギー源とは、小規模分散が基本である。だが現実は、規模の拡大に進みがちだ。

なぜ、こんな本末転倒なことが起きるのだろうか。そこには気象変動を抑える手段だった再生可能エネルギーが、目的と化してしまった政策がある。業者は利益を増やすために効率を上げ大規模化する。官僚も自分の実績を上げるために数と規模を求める。そんな目先の目標を達成するのに都合のよい仕組みがつくられた。だが、気候変動を防ぐという本来の（長期的で大局的な）目的は忘れられてしまっている。

このままでは「手術は成功したが、患者は死んだ」という小話と同じになりかねない。

5 パーム油が熱帯雨林を破壊する？

最近、ヤシから採る油の評判が悪い。熱帯雨林を破壊するとか、児童労働を誘発し地域住民の生活を破壊するなどと、何かと批判の対象になってきた。

だが、世界中で使用量がもっとも伸びている油脂は、ヤシ油なのである。つまり、それだけ魅力があるのだ。そこでヤシ油および生産元のアブラヤシについて考えたい。

ヤシ油を正確に分類すると、アブラヤシの実の果肉から搾るパーム油のほか、種子の核部分から搾れるパーム核油、そしてココヤシから採れるココナッツ油（日本ではこれをヤシ油と呼ぶ）もある。

これらを個別に取り上げると混乱するので、ここではもっとも量の多いパーム油にフォーカスしておく。

パーム油の用途は、主に食用油のほか、マーガリン、ショートニング、インスタント麺やスナック菓子……などありとあらゆる加工食品に利用されているうえ、石鹸の原料やバイオディーゼルなどの燃料としても重宝されている。

年間生産量は全世界で七六三九・九万トン（二〇二一年見込み・米国農務省）と、植物油脂全体の約三〇％を占めており、日本では一人当たり年間約五キログラムのパーム油を消費している計算だ。

パーム油の生産量は伸び続けている。インドネシアとマレーシアの二国で八割を占める。そのためアブラヤシ農園（プランテーション）は急拡大されているが、それが問題視されている。なぜなら、主に熱帯雨林を切り開いてつくられるからだ。しかも、その面積たるや、一般の「農園」のイメージをはるかに超えている。一カ所で数万ヘクタールの面積があるのだ。

私もボルネオで地平線までアブラヤシ農園が広がっているのを見た。また、小型飛行機でボルネオ島の奥地に飛んだ際、下界に見えたのは、広大な面積のジャングルを焼き払って農園を開発している現場だった。まさに熱帯雨林の破壊が行われたのである。

そのため、自然保護団体からは、パーム油を批判する声が高まっている。熱帯雨林の破壊によって森に住む少数民族の迫害などにもつながるという。また大企業が農民から搾取するなど、さまざまな問題が指摘されるようになった。バイオマス発電の燃料として油を搾った後のヤシ殻が重宝されているが、この農園開発によって二酸化炭素の排出は増えたという指摘もある。

そしてパーム油を使った商品の不買運動さえ起きた。

マレーシアのアブラヤシ農園

一方で、バイオマス発電がパーム油を燃料にする動きもある。PKS（ヤシ殻）ではなく、搾った油そのものを燃やそうというわけだ。液体だけに木材などに比べて燃やしやすく、カロリーも高いから発電燃料として有利だ。そして植物だから再生可能で「環境に優しい」と売り物にできる。ただ反対運動が広がる中で、欧米では禁止になったが、日本は容認している。

ただし、どちらが正しいのかと考えると、意外と難問なのだ。

たしかにアブラヤシのプランテーション開発は、熱帯雨林破壊の重要な原因だが、それだけを理由に反対するのは公平性を欠く。

まずパーム油は油脂原料としては非常に優等生である。

何よりも生産性が桁外れによい。たとえばナタネの場合、一ヘクタールの栽培地から生産される油は、年間で二トンにすぎない。ダイズなら三トンだ。だがアブラヤシ生産量は、年間二〇トンにもなる。これらは種子や果房の重さなので、採油率から考えると、ナタネ油は〇・五五トン、ダイズ油は〇・八トン、そしてパーム油は四トンになる。いずれにしてもパーム油を否定したら、その代替油はどうして生産するのか考えねばならない。

ダイズ油で賄おうとすると、アブラヤシ農園の五倍の面積が必要になってしまう。アブラヤシの栽培面積は、地球上で二〇〇〇万ヘクタールを軽く超えるが、その五倍となると、日本列島の約三倍だろうか。それだけのダイズの畑をつくろうとすれば森林破壊を招かざるを得ない。しかもダイズは油以外の用途も非常に多い。価格も高騰するだろう。

なおアブラヤシ農園すべてが熱帯雨林を切り開いた土地ではない。マレーシアなどではゴム園などからの転換も多い。農園の栽培品目を替えたという言い方もできる。

健康面でもパーム油は優秀だ。ダイズ油やナタネ油などの植物油脂には不飽和脂肪酸が多く、加工によって心疾患やガンを誘発するとされるトランス脂肪酸を形成しやすい。その点パーム油は、飽和脂肪酸のパルミチン酸が主成分で、トランス脂肪酸をつくらないし、非常に安定しているから酸化しにくい。

そして汎用性がある。ショートニングとしてお菓子などに使うと食感をよくして、美味しくする。チョコやアイスクリームを口の中でほどよく溶けるようにする。さらに洗剤など非食用分野にも向いている。代替できる油脂はほかになかなか見つからない。

それにアブラヤシ栽培と聞くと、すべて大企業のプランテーションのように思いがちだが、マレーシアやインドネシアには家族経営の小規模農園も少なくない。彼らはアブラヤシのおかげで生活水準を大きく上げることに成功した。おそらくパーム油を追放したら、もっとも困るのは彼らだろう。

パーム油発電も、別の見方ができる。なぜなら燃やすのはパーム油の精製時に発生する廃油だからである。精製すればどうしても食用に向かない品質の油脂も発生するわけだが、それを燃料にしようという発想だった。この廃油の使い道がなければ、処理方法に悩まされる。安易に燃やせば二酸化炭素を排出してしまうだろう。

ただ廃油を燃料にするといっても、本当にそれだけにとどまるかは疑問だ。必ず、食用油も燃料に回されるようになるだろう。林地残材・廃材・端材を燃やすはずの木質バイオマス発電も、今では山の木を全部を燃料にしている現実を見れば想像がつく。

ここでアブラヤシ栽培をもう少し深掘りすると、別の問題が浮かび上がる。

私は、アブラヤシの隠れた問題点は、アブラヤシ農園の植え替え方針だと気づいた。植えて三年目から実を実らせるが、経済的生産樹齢は四〇年とされている。ただ現実には二〇年あたりで放棄される。やはり、より若木の方が多く収穫できるからだろう。全栽培面積の三％程度が毎年伐採の対象だ。

インドネシアでは年間二〇〇〇万トンのアブラヤシ廃棄物が発生している。一本のヤシは高さ五メートルから一二メートル、幹の太さも三〇センチを超すから、伐採後の処分に困る。アブラヤシの幹は六～七割が水分で、木材としては使えず、燃やすのも至難だ。

廃棄されたアブラヤシは、伐り倒してスライスするか、そのままの状態で放置される。熱帯だけにすぐ腐朽するが、ものすごい悪臭が漂うそうだ。腐敗樹液が川を汚染することもある。そのため植え替えるのではなく、新たな森を切り開く方が手っ取り早いと考える農園主も出てくる。これが森林破壊を助長しているのだ。

すでに開墾された地域で再生産を行うのなら、少なくとも今以上に熱帯雨林破壊は進まない。まず手をつけるべきはこちらだろう。

根本的な問題として、経営する企業に法令遵守させねばならない。森林環境だけでなく雇用や労働環境も重要だ。これはパーム油というより企業のガバナンスの問題だろう。経営姿勢のチェック体制も必要だ。経営や生産過程を審査して環境破壊をしていないかを調べる複数の認証制度もある。消費者レベルでは、認証パーム油を使用することが推奨されている（その認証制度が信頼できるのかは、また別の問題としてある）。

結局、問われるのは、人はどこまで油脂を求めるのか、という点だ。年々油脂の一人当たり消費量は伸び続けている。新興国だけではなく、欧米や日本でも増えていることを考えると、人類は、塩や砂糖などとともに油脂の依存症なのかもしれない。

6 農薬や除草剤は人にも環境にも危険？

農薬。あるいは除草剤。これらの薬剤に、どんなイメージを持っているだろうか。

やはり危険な化学物質と思う人が圧倒的に多いのだろう。虫や菌を殺し、雑草を枯らすのは「毒」だからだ。農薬を使った作物を食べると健康を害する、除草剤を撒けば土は死んでしまう……そんな連想も働く。日本だけでなく、世界中で農薬や除草剤に対する悪感情は根強い。先のミツバチ大量死問題でも、真っ先に農薬に疑いが向けられた。

おそらく「農薬＝危険」のイメージは、レイチェル・カーソンの『沈黙の春』からだろう。この本はＤＤＴ（ジクロロジフェニルトリクロロエタン）という名で知られる殺虫剤の危険性を広く世界に知らしめた。

だが、知っているだろうか。今やDDTは比較的安全な農薬とされていることを。人間の慢性疾患の原因にならず、発ガン性も非常に低いことがわかったからだ。

WHOは二〇〇六年にDDTを「殺虫剤の中でマラリア予防対策にもっとも有効であり、適切に使用すれば人間、野生動物に有害ではない」と判断して室内散布を認めている。そもそもカーソン自身の主張も「マラリア予防以外の目的でのDDT利用を禁止して、マラリア蚊が耐性を持つのを遅らせるべき」というものだった。ようするに使いすぎるな、というのだ。これはすべての化学物質に当てはまることだろう。

さらに天然農薬様《よう》物質の存在も忘れてはならない。農薬は、人が作り出した合成科学物質だが、化学構造がよく似ていて、効果も同じ物質を、植物自体が生成しているのだ。

京都大学生態学研究センターの高林純示《じゅんじ》教授と山口大学のチームが行った研究によると、ハスモンヨトウという蛾の幼虫に葉を食べられたトマトが放出する香りの成分には、虫にとって有害となる毒性物質が含まれていたという。それはその香りの届く範囲にいる虫を一網打尽に死亡させるほどの強力なものだった。高林教授は「農薬と比較すると微量で効く」と指摘する。さらに一つのトマトがこの香りを出せば、周りのトマトも防衛態勢を固め、そこにいる虫たちを殺してしまうのである。

ほかにも天然農薬様物質は見つかっている。イネやキュウリ、ナスにも似た物質を出す機能が備わっていた。

つまり無農薬なら安全と言えない。人間が撒かなくても植物自ら農薬を作り出すわけだ。だが、それらの物質まで忌避したら、作物の生理自体を否定することになる。

除草剤の危険性については裁判になっている。とくに標的となったのがモンサントだろう。この会社の除草剤ラウンドアップ（商品名）は、なぜか目の敵《かたき》にされている。後にモンサントはバイエル社に買収されたが、ラウンドアップへの裁判は継続していた。

二〇二〇年六月三日にアメリカのカリフォルニア州サンフランシスコの控訴裁判所（日本の高裁に相当）で、バイエル社など三社が発売した芳香族カルボン酸系のジカンバを使用した除草剤について、登録を無効とする決定を下した。ようするに販売できなくした。このニュースが世界中に配信されると、除草剤や遺伝子組み換え作物の反対派は「アメリカは、除草剤禁止に舵を切ったぞ」と歓声を上げた。

ところが同じ月の二三日には、アメリカ合衆国控訴裁判所が、カリフォルニア州当局に対しグリホサートを主成分とする製品（ラウンドアップ関連製品）に発ガン性物質が含まれるという警告文の表示を永久に禁じる判断を下した。言い換えれば発ガン性の心配はない、という結論を出したわけである。

いずれの判決も、ちょっと説明がいる。

アメリカでは一九八〇年代より農家がグリホサート系除草剤を使ってきたが、二〇〇〇年代に入ると耐性を持つ「スーパー雑草」が次々と出現していた。この「スーパー雑草」に対抗する「スーパー除草剤」として登場したのが、ジカンバ系除草剤だ。そしてジカンバに耐性を持つ遺伝子組み換え作物も開発された。この作物を栽培しつつジカンバ系除草剤を散布すれば、雑草だけが枯れるわけだ。

ところがこの薬剤は、風に飛散しやすい。そのためジカンバ耐性のない作物を栽培していた農地まで飛んでしまい被害を出したのだ。日本でも二〇一八年にJR九州が線路脇の雑草対策に散布したら、近隣の農作物が枯れてしまった事件がある。

この被害に対して、ジカンバを新たに売買できないようにしたのが前者の判決だ。ちなみにスーパー除草剤はほかにもいくつかあるが、そちらは禁止されていない。

一方でグリホサート系除草剤は、早くから発ガン性の恐れを指摘されて反対運動が起きていた。日本でも、とにかく危険と思っている人が多い。

その根拠は、二〇一五年に世界保健機関（WHO）の国際ガン研究機関がグリホサートを「人に対しておそらく発ガン性がある」と分類したことだ。そのためカリフォルニア州法によって、発ガン性がある化学物質を含む製品への警告文の表示を義務づけた。また消費者一二万五〇〇〇人が、九万五〇〇〇件もの訴訟を起こしたのである。

ところが今回の判決は、発ガン性の危険表示義務を否定した。アメリカ環境保護庁やWHO内の別機関など世界中の研究機関が「グリホサートの発ガン性を示す証拠は不十分あるいは存在しない」と先の報告を覆し、表示義務もなくしたのだ。
裁判結果を意外、あるいは不満に思う人は多いかもしれない。しかし、判決は専門家の研究に基づいているのだから陰謀論に与《くみ》すべきではあるまい。細かなリスク評価は難しいのだが、有意の発ガン性自体は否定されたのだ。

このような評価の逆転はいくつも起きている。合成甘味料チクロは、アメリカの食品医薬品局が一九六九年に発ガン性などを疑い禁止になったが、その後追試でいずれも否定された。現在では世界中で使われているが、日本では今も姿を消したままだ。

最近では、「史上最悪の毒物」と言われたダイオキシンの毒性が過大評価だと訂正されたし、環境ホルモン（微量の合成物質が、動植物のホルモンと同じ効果を発揮して自然界を攪乱するという説）の存在がほぼ否定された。先に触れた農薬ネオニコチノイドも評価は定まっていない。

バイエル社は、最大一〇九億ドル（約一兆一六七〇億円）を支出してアメリカ国内のラウンドアップ訴訟を終わらせると発表した。ただし和解が責任や過ちを認めるものではないとし、今後もラウンドアップ（と類似する商品）の販売を継続するという。

そもそも一二万五〇〇〇人という原告の大多数は、裁判に参加したら賠償金が取れると、ネットやテレビ、ラジオのコマーシャルにより集められた。訴訟社会であるアメリカならではの現象だ。賠償額も、世界的企業であるバイエルの営業利益から賠償金請求額を導いたから巨額になった。会社は、発ガン性の有無で争うより、裁判の継続によるイメージ棄損を恐れて和解に持ち込んだのだろう。

日本でもグリホサート系やジカンバ系の除草剤は使われている。農薬も除草剤も、開発過程では医薬品なみに毒性はもちろん環境負荷なども厳しく検査が行われる。また最近では分解機能も重視されていて、短期間に毒性が消える農薬が主流化した。多くが散布後一カ月、あるいは数週間で毒性が消えるという。なかには数時間で消えるものもある。

私は、農薬を大量散布してもよいとは思わない。しかし使用禁止すべきとも思わない。人体に影響がないレベルで病害虫を抑えて収穫を確保できるのなら有り難い。除草剤も同じだ。ようは使用量や散布の仕方、時期……などが重要なのだ。

農薬を不安がる消費者も、多くは日常生活で胃薬や風邪薬、頭痛薬、そして合成されたビタミン剤などを気軽に摂取している。風邪薬を適正に飲めば風邪を早期に治してくれる。だが大量に摂取したら死ぬ。農薬も同じなのである。

もう一つ付け加えると、農薬・除草剤の真の怖さは、作物への残留ではなく散布者への曝露だ。適切な散布方法を取らないと、高濃度の薬剤を散布者が直接吸い込む恐れがある。その怖さに比べて、農作物への残留分など比較にもならない。

7 人口爆発のため食料危機になる？

先進国が途上国の農地を奪っている……そんなニュースを目にする。これをランドラッシュ、もしくはランドグラビングという。

もともとはアメリカ大陸に入植した白人が先住民の土地を奪うことを指したのだが、今や対象は南米や南アジア、アフリカに多い。奪うと言っても合法的に買取や借用の形で取得しているが、その土地面積は、一カ所で数万ヘクタールにもおよび、地球全体で数億ヘクタールになるようだ。

私はこの問題に関するいくつもの報道を目にして、少し違和感を持った。ランドラッシュを行う目的が、人口爆発に備えた食料生産だと説明されていたからだ。たしかに世界の人口爆発はまだ続いているが、それは主に発展途上国であり、先進国ではない。そして、人口爆発と食料危機は必ずしも比例しないことがわかってきた。

具体的には、地球上の農地の生産効率が格段に上がったのだ。一九六九年と二〇二〇年を比べると、農業生産量は三倍以上になった。その間、耕地は一〇％しか増えていない。とくに穀物（小麦、米、トウモロコシ）の生産効率が飛躍的に増えた。栽培技術が進歩したうえ、収量増への品種改良のほか、病害虫に強くて枯れずに済む品種、また必要水分量を減らせる遺伝子組み換え作物などの普及も関係している。いわゆる「緑の革命」だ。

世界の食肉の生産量も同期間で約三倍になっている。現在は年間約三億トン。ウシ、ブタ、ニワトリで九七％を占める。ただし家畜・家禽の飼育頭数が三倍になったわけではない。一頭（匹、羽）の体格がよくなり、成熟速度が早くなったのだ。一個体から多くの肉を得られるようになり、飼育の回転率もよくなった。牛乳や鶏卵も同じである。

水産物も、今や消費量の半分が養殖だ。早く大きく育てるのが養殖の勘所である。

一方で休耕地が増えている。現在地球上にある農地は約一五億ヘクタールだが、そのうち三億ヘクタールは休耕地らしい。それは先進国だけではなく途上国でも起きている。食料輸入が難しい債務国でも、自国の食料生産を縮小してしまう。どうやら農民が農地を捨てて都会に移り住む、ほかの仕事に転身するという状況が起きているようだ。

しかし、ここで疑問が湧く。仮に飢えていたら、あえて農地を捨てようとはしないはずだ。

いや農作物を生産する方が立場を強くする。いくら現金収入が欲しくて都会への憧れがあっても、飢えては意味がない。耕作放棄する理由が不明確だ。

一部には戦乱に追われるケースもあるだろう。水が枯れて耕作不可能などの理由も考えられる。しかし、世界全体として食料は生産過剰だからではないのか、という想像もできる。

世界の穀物生産量は現在約二二億トン。ところが、このうち食用は半分にすぎない。残りは飼料用とエネルギー用だ。アメリカではトウモロコシ、ブラジルはサトウキビ、ヨーロッパもダイズやナタネからバイオ燃料を生産している。再生可能という旗印から食用可能な作物を燃料化するわけだ。ランドラッシュの大きな目的は、バイオ燃料（アルコールなど）の生産や炭素クレジット（二酸化炭素の排出権）を得るためなのだ。

現在、地球上で約八億人が飢餓に苦しんでいるとされる。しかし計算上は耕地の六割で穀物を生産するだけで全人類が飢えないだけの作物は得られる。六〇億トンの穀物が生産可能とされており、人も家畜も飢えることはなくなる。

現在の農地の奪い合いは、「条件のよい農地」の奪い合いなのだ。作物を換金商品として、コストと引き合う農地を求めている。売値と天秤にかけて儲かる場所で高く売れる作物を生産する。逆に言えば、儲からない農地は放棄する。日本の中山間地《ちゅうさんかんち》で起きている耕作放棄と同じ理由だ。

飢餓を引き起こすのは食料不足ではなく、必要な人々の手元に届かない流通や政治の責任だ。

経済的な理由のほか、貿易障害やいびつな流通で出るロスも大きいのである。

同じ疑問を林業でも感じていた。日本では、森林が飽和状態で木が繁りすぎだという。林野庁が率先して「木づかい運動」を展開して、もっと木材を使えとせっつく。しかし、木を伐り出しても十分な需要がなければ木材はだぶつき価格は下がる。挙げ句の果てにはバイオマス燃料に流れた。長年育てた木材を燃やすのが「木づかい」か。

世界の木材市場でも同じことが起きている。一般に森林破壊が続いて木材不足のように思われがちだが、近年の木材価格は下落気味だ。もちろん急騰することもある（ウッドショックと呼ぶ）が、それは経営の判断ミスや労働問題、政策的な輸出制限、流通の不備などから需要と供給のバランスが一時的に崩れて生じる現象で、潜在的な森林資源と木材供給力は需要を上まわっている。

本書冒頭に記したとおり、地球上の森林面積や蓄積は増えている。日本の森が想像以上に膨れ上がっていることも記したが、増えた森林からは木材が生産される。おそらく今後中国などは、巨大な木材生産国になるだろう。

また木材加工技術も進歩してきた。小径木や小片を張り合わせる技術が進歩し、合板、集成材、直交集成板、パーティクルボード、ファイバーボードなどがつくられる。原木からの歩留《ぶど》まりは、技術的には一〇〇%近くまで高められるようになった。

一方で木材需要は、必ずしも伸びない。経済が伸びると建築や紙の需要は増えるものの、材料は金属や合成樹脂、コンクリートと多彩にある。木材がなければ、あるいは価格が高ければ別の素材に流れる。紙も電子化と再生技術の進歩で必ずしも木材を消費しない。すると歩留まりは逆に落ちていく。端材の有効利用を行わなくなり、都合のよい部分だけを使用する「トロ食い」（マグロを水揚げしてトロだけを食べる状態）を行う。

結果として買い手市場の中で価格は落ちていく。森づくりや伐採搬出に必要なコストを含んだ価格では取引されにくくなり、歩留まりを上げる技術も活かされない。

人口爆発も、そろそろ局面が変わりつつある。国連の二一〇〇年までの世界全体の人口推計によると、地球上の人口は、今世紀中にほぼ横ばいになる可能性を示している。

理由は、乳児死亡率が下がると出生率も下がるからだ。発展途上国でも、経済が好転することで少しずつ少子化は進展してきた。そして高齢化が進展する。

世界一の人口を抱える中国も、一人っ子政策を長く続けたため、少子化高齢化が急速に進行中だ。あわてて二人までOK、三人までOKと政策を変更しているが、少子化が止まる気配はない。「二〇二二年から中国の人口は減少する」という分析も出ている。

食料危機や森林破壊の発生は、人口爆発のせいではない。社会システムの不具合が生じさせていることを知るべきだろう。

終わりに——行列の後ろを見るために

こんな命題を思いついた。

特急列車の自由席車両のドアの前のホームに長い行列ができている。席を確保するのが目的だ。その先頭付近に立っていた一人の女性のところに、遅れてやってきた三人の女性が合流、割り込んだ。もともと四人で旅行に行く予定で、そのうちの一人が人数分の席を取れるように早くから並んでいたのである（性別や割り込む理由は、便宜的）。

さて、彼女らの行為は許されるのか。

割り込まれたすぐ後ろの人は、おそらくムッとするだろう。しかし、声を上げて抗議するだろうか。事を荒立てる必要はない。なぜなら三人が割り込んだぐらいで自由席はなくならないから。一車両に六〇席以上はある。列の先頭に近いのだから問題なく座れる。もしかしたら、彼女らと立ち話を始めて楽しむ男も出るかもしれない。

ただ列の長さが問題だ。並ぶ人々全員が最終的に座れるのなら、目くじら立てなくてもよい。せいぜいどこに座れるかを気にするぐらいだ。しかし、列の最後尾の人が座れない場合はどうか。それどころか、乗り込めないほど混んでいるケースだって想定できる。前に三人が割り込んだため、自分は乗れなくなったと思えば腹立たしい。

しかし、悲しいかな最後尾の人は割り込んだメンバーに文句を言えない。列が長くて前の様子が見えないし、割り込みに抗議するため列の先頭まで行くのも不可能だ。

ここで考えたいのは、乗車マナーとか倫理観、ましてや法律や規則ではない。この構図が、環境問題と似ていると思ったのである。

野の食材や木材など自然界に資源がたっぷりある時代。人々がそれらを少々採取していても、枯渇しないだろう。時間とともに再生産されるからだ。また廃棄物も、人里から遠い場所に捨てれば自分たちに影響は出ない。なかには再生しない資源（たとえば鉱物など）もあるが、人口の割には莫大な量が存在しているから、底をつく心配はない。

だが、人口が増えてくると採取量が増える。これまで翌年には回復していた生物資源も、再生産が間に合わない。身近な山で採れなくなり、別の山に探しに行くようになる。廃棄物も分解するより多く溜まるから、新たな捨て場所を探さねばならなくなる。

でも、自分たちの生活には大きな不都合はない。遠方に出かけなければならなくても、家畜化したウマなどに乗るようになったら苦痛にならない。よく飛ぶ槍や弓矢などを発明したら、収穫量はむしろ増える。……これは、乗車列の先頭部分に割り込まれても、その周辺の人にたいして迷惑がかからない構図と似ていないか。

だが列の後ろ、後世の人々は、先祖が好き放題に浪費したおかげで苦労する。欲しい資源は、遠出しても得られない。ゴミからの悪臭が生活圏まで漂う。しかし時間を遡って先祖に「浪費するな」「捨てるな」とは言えない。過去に介在することは不可能なのだ。

しかも最初は一地域の資源問題、環境問題だったのが、もはや地球全体までに先祖が浪費して出した害毒が広がりつつある。それが現代だ。

この数百年の間に、後先考えず浪費した資源は枯渇してきた。その結果、生物多様性は失われ、大気中の二酸化炭素が増えて、気候変動を招いた。

これこそ列の最後尾に目を向けずに割り込んだ結果だろう。現代人は、もう先頭に並んでいない。おそらく真ん中から後ろだ。前にどんどん割り込まれたら（資源を浪費されたら）自分の座る席がなくなる可能性が見えてきた。

さて、どうするか。残る資源を早い者勝ちで使ってしまうか。いや、割り込みを阻止すべきだろう。列の後ろを見ることは、未来の世代の地球に目を配ることだ。しかし、残念ながらそうした視点はなかなか育たない。

地球環境は、自分が生きているあと何十年かは持つ……そう心の奥で思っている人も多いはずだ。だから「自分には関係ない」？　しかし、その希望的観測はいつまで持つか。意外と早く大災害が頻発し、廃棄物の毒が広がり、生活が困窮するかもしれない。だが被害を受けた当事者たちは、環境を悪化させた張本人を糾弾できない。「五〇年前の人たちが温室効果ガスの削減に取り組まなかったからだ」と憤っても手の打ちようがない。

一方で「当時の人」は、自分たちの行動が将来何を引き起こすか十分予測していない。何をしたらよいかもわかっていない。悪気なくやったこと、よかれと思って行った行為が、逆に事態を悪化させることだってあるだろう。

現在、世界中の科学者たちが必死に将来の環境を予測しようとしている。そして警告を発している。もちろん外れることもあるが、全体としては想定どおりに危機が進行している。だが信じない人も多い。そして「フェイクニュース」、そして「グリーン・ライ」「グリーン・ウォッシング」が広がってきた。ニセ情報、環境に関する嘘、環境によいと思わせる洗脳、と訳せばよいか。いずれも世間を欺き、現実の環境破壊を隠すものだ。

なぜなら警告は、自分にとって不都合な事態であり「信じたくない未来」だからだ。それゆえ恣意的に、あるいは無自覚に否定する。ただ、それらのニセ情報は「目先を取り繕う」ためだけであり、本来必要な対策の足を引っ張っているのだ。

これらに対抗するには、できる限り正確な予測を導き、それを多くの人に届け、足を引っ張るフェイクニュースを否定する必要がある。そこに必要なのは、感覚的な予想ではなく、厳密に科学的データに寄り添い、未来に起きるさまざまな可能性を想像することだ。そんな「論理的な想像力」を磨きたい。

では「論理的な想像力」を磨くにはどうしたらよいか。

まず情報は多い方がよい。異論・異説も含めた幅広い情報を仕入れ、ていねいに考察する訓練が欠かせないと思う。情報はバラバラ、正反対のものでもよい。一つ一つ検討して正否を判断していくうちに、全体を包含する新たな「事実」を見つけられるかもしれない。

「群盲象を撫でる」とか「木を見て森を見ず」と言うが、個の盲人が撫でて取得した情報は間違いではない。目にした一本一本の木の様子も嘘ではない。だから各人の情報を突き合わせていけば、全体の姿を想像できるはずだ。

ただし、大きな声に左右されないこと。自分に都合のよい情報だけを選ぶ、都合の悪い情報を無視する、といったバイアスに支配されないこと。象の鼻を触った人の意見だけを重んじると、象は長い蛇のような生物に思えてしまう。大木ばかりに注目したら低木や草を見落とす。多くの情報の正否を判断し、全体像を描く。そして時間的視野を持ち、「もし〜だったら」と考察する。それを繰り返すことで思考を鍛えていきたい。

ちなみに本書で紹介した異論・異説が必ず正しいわけでもないだろう。誤っている点を見つける考察も悪くない。そんな検証をしつつ全体像に寄り添うことで、列の最後に並ぶ人にも目を配る発想を身につけられたら幸いである。

主な参考文献（順不同）

本書の情報源は、多くの書籍、報告書、そして論文などである。論文はインターネットで読むことができるものも多いが、アクセス制限がかかるか、時間とともに読めなくなったものも含まれる。それらについては、元情報を報道した記事を参考にしてほしい。

なお私が直接取材して話を聞いた情報は、できるだけ本人の言葉をコメントとして記させていただいた。またメールで意見交換したうえで掲載した情報も含む。

基本的な環境情報や言葉の定義などについての文献は記していないが、ネットだけでなく白書や専門書などで確認した。いずれにしても膨大な情報源があってこそ、本書は書き上げられた。ここに感謝を表する。

第1章

田村三郎著『地球環境再生への試み――劣悪環境の現地に立って』（１９９８年、研成社）
藤森隆郎著『林業がつくる日本の森林』（２０１６年、築地書館）
ヨアヒム・ラートカウ著、山縣光晶訳『木材と文明　ヨーロッパは木材の文明だった。』（２０１３年、築地書館）
「Global land change from 1982 to 2016」（Nature 2018）有料記事
https://www.nature.com/articles/s41586-018-0411-9
「アマゾン盆地、実は温暖化を助長している可能性、研究」（２０２１年３月16日ナショナル　ジオグラフィック日本版）

https://natgeo.nikkeibp.co.jp/atcl/news/21/031500124/?rss

「温暖化で２０５０年には森林がCO_2放出源に」（２０２１年１月15日ＡＦＰＢＢ Ｎｅｗｓ）
https://www.afpbb.com/articles/-/3326472?cx_part=search

「How close are we to the temperature tipping point of the terrestrial biosphere?」*Science Advances*, 13 Jan 2021: Vol. 7, Issue. 3, eaay1052, DOI: 10.1126/sciadv.aay1052
https://advances.sciencemag.org/content/7/3/eaay1052

「生態学：アマゾン湿地帯は気体二酸化炭素の放出源である」（２０１４年１月16日 Nature 505, 7483）
https://www.natureasia.com/ja-jp/nature/highlights/50949

「アマゾンのCO_2、排出が吸収を上回る　ブラジル研究者が計測」（２０２０年２月12日ＢＢＣ）
https://www.bbc.com/japanese/51470357

「木がメタンガスを放出、温暖化の一因、証拠続々」（２０１９年３月29日ナショナル ジオグラフィック日本版）
https://natgeo.nikkeibp.co.jp/atcl/news/19/032800190/

「古い大木の方がCO_2を吸収、定説覆す発見」（２０１４年１月17日ＡＦＰＢＢ Ｎｅｗｓ）
https://www.afpbb.com/articles/-/3006698

「「沈みゆく島国」ツバル、実は国土が拡大していた 研究」（２０１８年２月10日ＡＦＰＢＢ Ｎｅｗｓ）
https://www.afpbb.com/articles/-/3161922

「Patterns of island change and persistence offer alternate adaptation pathways for atoll nations」*Nature Communications* volume 9, Article number: 605（2018）
https://www.nature.com/articles/s41467-018-02954-1

「日本の１００億円緑化事業が遊牧民の自然を破壊する」（２０１５年12月28日ニューズウィーク日本版）
https://www.newsweekjapan.jp/stories/world/2015/12/100-5.php

第２章

太田猛彦著『森林飽和　国土の変貌を考える』（２０１２年、ＮＨＫ出版）

蔵治光一郎著『森の「恵み」は幻想か　科学者が考える森と人の関係』（２０１２年、化学同人）
蔵治光一郎編、保屋野初子編『緑のダムの科学　減災・森林・水循環』（２０１４年、築地書館）
深尾葉子著『黄砂の越境マネジメント　黄土・植林・援助を問いなおす』（２０１８年、大阪大学出版会）
「「緑のダム」が整備されればダムは不要か」（国土交通省ホームページより）
https://www.mlit.go.jp/river/dam/main/opinion/midori_dam/midori_dam_index.html
「水と土と森　谷誠ホームページ」
http://hakulan.com/
阿部和時（森林総合研究所）「樹木根系の斜面崩壊防止機能」（森林科学１９９８年2月22巻）
https://www.jstage.jst.go.jp/article/jjsk/22/0/22_KJ00001916294/_pdf
今井久「樹木根系の斜面崩壊抑止効果に関する調査研究」（ハザマ研究年報２００８年vol.40報告）
https://www.ad-hzm.co.jp/trr/hazama/2008/pdf_file/06.pdf
林野庁森林整備部整備課「森林根系による土砂流出防止機能」（『土砂流出防止機能の高い森林づくり指針　解説版』２０１５年３月）
https://www.maff.go.jp/j/budget/yosan_kansi/sikkou/tokutei_keihi/seika_h26/ippan/pdf/ippan265_11.pdf
川口武雄「森林の山崩れ防止機能論議」（水利科学１９９１年35巻２号p.26-46）
https://www.jstage.jst.go.jp/article/suirikagaku/35/2/35_26/_pdf
村上茂樹「樹冠遮断のメカニズムと森林の増雨効果」（水利科学56巻1号、２０１２年）
https://www.jstage.jst.go.jp/article/suirikagaku/56/1/56_82/_pdf
「黄砂ってなに？」（黄砂〈Dust and Sandstorm〉環境省ホームページ）
https://www.env.go.jp/air/dss/kousa_what/kousa_what.html
国立研究開発法人国立環境研究所「黄砂研究最前線――科学的観測手法で黄砂の流れを遡る」（『環境儀』２００３年４月No.８）
https://www.nies.go.jp/kanko/kankyogi/08/02-03.html
環境省「黄砂とその健康影響について」２０１８年３月
http://www.env.go.jp/chemi/mat01_1/105328_1.pdf
「ウルシ林衰退の原因となる樹木疫病菌を発見」（２０２０年１月８日森林総合研究所ホームページより）

https://www.ffpri.affrc.go.jp/research/saizensen/2020/20200108-01.html

第3章

井上民二著『熱帯雨林の生態学—生物多様性の世界を探る—』（２００１年、八坂書房）
今泉宜子著『明治神宮　「伝統」を創った大プロジェクト』（２０１３年、新潮社）
小椋純一著『森と草原の歴史　日本の植生景観はどのように移り変わってきたのか』（２０１２年、古今書院）
橿原神宮『橿原神宮林苑整備基本計画』（１９８３年）
須賀丈、丑丸敦史、岡本透著『草地と日本人　日本列島草原１万年の旅』（２０１２年、築地書館）
遠山益著『本多静六　日本の森林《もり》を育てた人』（２００６年、実業之日本社）
宮脇昭著『いのちの森を生む　苗木三〇〇〇万本』（２００６年、ＮＨＫ出版）
「Carbon stock in Japanese forests has been greatly underestimated」（過少評価されている日本の森林の炭素貯蔵量）Tomohiro Egusa, Tomo' omi Kumagai, and Norihiko Shiraishi *Scientific Reports* Volume10, Article number: 7895（2020）
https://www.nature.com/articles/s41598-020-64851-2
「日本の森林の炭素貯留能力は本当はムチャクチャすごかった！」
https://www.a.u-tokyo.ac.jp/topics/topics_20200605-2.html（東京大学大学院農学生命科学研究科・農学部ホームページにて日本語訳掲載）
桜井市観光情報サイト「ひみこの里・記紀万葉のふるさと」万葉歌碑めぐり「古への　人の植ゑけむ　杉が枝に　霞たなびく　春は来ぬらし」
https://www.city.sakurai.lg.jp/kanko/manyokahimeguri/kashiramoji/agyo/1394851611071.html
津田智「草原がはぐくむ多様な自然」（岐阜大学流域圏科学研究センター、２００８年６月17日）
https://www.green.gifu-u.ac.jp/~tsuda/08KIZW_archive.pdf
「草原は熱帯雨林よりも植物が多様？」（２０１２年３月21日ナショナル ジオグラフィック日本版）
https://natgeo.nikkeibp.co.jp/nng/article/news/14/5805/
J. Bastow Wilson, Robert K. Peet, Jürgen Dengler, Meelis Pärtel, Plant species richness: the world records, *Journal of*

Vegetation Science Volume 23, Issue 4 16 March 2012
https://onlinelibrary.wiley.com/doi/full/10.1111/j.1654-1103.2012.01400.x

第4章

クレア・プレストン著、倉橋俊介訳『ミツバチと文明　宗教、芸術から科学、政治まで文化を形づくった偉大な昆虫の物語』（２０２０年、草思社）

近田文弘『桜の樹木学（生物ミステリー）』（２０１６年、技術評論社）

ローワン・ジェイコブセン著、中里京子訳『ハチはなぜ大量死したのか』（２０１１年、文藝春秋）

中村郁郎「日本の桜～ソメイヨシノの起源を解明～」（薬草教室だより第1号、２０１６年4月4日、東京都薬用植物園）
https://www.tokyo-shoyaku.com/v_files/docs/yk2016_04.pdf

久保田康裕「日本全土の樹木種の個体数：約１２００種で約２１０億本！」（２０２０年6月13日）
https://note.com/thinknature/n/n962f40ed53d0

中山祐一郎「都市河川における望ましい植生とは―堤防に咲く〝菜の花〟から考える―」草と緑８（０）48-58、２０１６年

田中利依、有馬進、鄭紹輝「ヘアリーベッチのアレロパシーによる雑草抑制効果」Coastal bioenvironment, ７巻、p.９-14、２００６年6月
https://agriknowledge.affrc.go.jp/RN/2010731002.pdf

飯塚康雄「都市樹木が抱える問題と再生」（公園緑地（２０１９年）80（１）：４-７）
http://www.nilim.go.jp/lab/bcg/siryou/tnn/tnn1126pdf/ks1126_09_t.pdf

瀬古祥子、福井亘「京都市におけるトウカエデ街路樹の根上がりとボーリング調査データからみた土壌条件との関係について」（ランドスケープ研究２０１７年10巻p.１１９-１２４）
https://www.jstage.jst.go.jp/article/jilaonline/10/0/10_119/_article/-char/ja/

瀬古祥子「街路樹の根上がりと植栽基盤について」（２０１２年11月神戸市公園緑化協会）
https://kobe-park.or.jp/wp/wp-content/uploads/2012/11/seko.pdf

松岡由希子「「街路樹や庭木でも暑さ対策への効果が期待できる」との研究結果」（２０２１年8月5日 ニューズウィーク日本版）
https://www.newsweekjapan.jp/stories/world/2021/08/post-96856.php

Michael Alonzo, Matthew E Baker, Yuemeng Gao and Vivek Shandas, Spatial configuration and time of day impact the magnitude of urban tree canopy cooling, *Environmental Research Letters*, Vol. 16, Number 8
https://iopscience.iop.org/article/10.1088/1748-9326/ac12f2

勝見允行（ＪＳＰＰサイエンスアドバイザー）「植物が枯れる寸前に沢山結実する」（２０１２年８月24日、日本植物生理学会ホームページ）
https://jspp.org/hiroba/q_and_a/detail.html?id=1909

「ゴキブリは本当に死ぬ前に卵を撒き散らすのか?」（２０１６年３月30日　株式会社日本保健衛生協会ホームページ）
http://www.sanipro.co.jp/news/sanitation/2016/0330145226.html

第５章

齋藤秀樹著『森と花粉のはなし』（２０１６年、ブイツーソリューション）

林竜馬、兵藤不二夫、占部城太郎、高原光「琵琶湖湖底堆積物に記録された過去１００年間のスギ花粉年間堆積量の変化」日本花粉学会会誌／58巻（２０１２年）１号 p.５‐17
https://www.jstage.jst.go.jp/article/jjpal/58/1/58_KJ00008127467/_article/-char/ja/

清野嘉之、井鷺裕司、伊東宏樹、千葉幸弘「スギの樹冠構造と雄花生産の定量的関係とその利用」森林総合研究所関西支所年報／第39号（１９９７年）
https://www.ffpri.affrc.go.jp/fsm/research/pubs/nenpo/past/39_03.html

「スギ花粉症対策に向けた新技術―菌類を活用して花粉の飛散を抑える―」（国立研究開発法人森林総合研究所、２０１７年３月）第４期中長期計画成果７（森林管理技術‐６）
https://www.ffpri.affrc.go.jp/pubs/chukiseika/documents/4th-chuukiseika7.pdf

環境省「花粉症環境保健マニュアル」内「Ⅱ.主な花粉と飛散時期」２０１４年１月改訂版
https://www.env.go.jp/chemi/anzen/kafun/manual/2_chpt2.pdf

「マイクロプラスチックは有害なのか?」（Nature ダイジェスト vol.18, No.8, doi：10.1038/ndigest.2021.210825）
https://www.natureasia.com/ja-jp/ndigest/v18/n8/108618

XiaoZhi Lim, Microplastics are everywhere ―but are they harmful? , *Nature*（2021-05-06）, doi：10.1038/d41586-021-01143-3

環境省水・大気環境局水環境課海洋プラスチック汚染対策室「海洋プラスチックごみに関する既往研究と今後の重点課題（生物・生態系影響

と実態)」(２０２０年６月)
http://www.env.go.jp/water/marine_litter/MarinePlasticLitter_Survey%20to%20understand%20the%20actual%20situation.pdf

永井孝志「学術会議の提言から読み解くマイクロプラスチック問題のからくり」(２０２１年２月14日、永井孝志のＢｌｏｇより)
https://nagaitakashi.net/blog/chemicals/microplastics-1/

William R. L. Anderegg, John T. Abatzoglou, Leander D. L. Anderegg, Leonard Bielory, Patrick L. Kinney, and Lewis Ziska, Anthropogenic climate change is worsening North American pollen seasons (人為的気候変動が北米の花粉の季節を悪化させている), *PNAS*, February16, 2021, 118(7) e2013284118;
https://www.pnas.org/content/118/7/e2013284118

WHO calls for more research into microplastics and a crackdown on plastic pollution, 22 August 2019, News release;
https://www.who.int/news/item/22-08-2019-who-calls-for-more-research-into-microplastics-and-a-crackdown-on-plastic-pollution

イモーゲン・フォークス「飲料水のマイクロプラスチックは「健康リスクなし」＝ＷＨＯ」(２０１９年８月22日BBC NEWS JAPAN)
https://www.bbc.com/japanese/49430843

第６章

志賀重昂著『日本風景論』(１９９５年、岩波書店)

同志社大学人文科学研究所編『パーム油がつなぐ東南アジアと日本—生産・消費の現地で何が起きているか—』人文研ブックレット№61、人文科学研究所連続講座２０１８(２０１９年、同志社大学人文科学研究所)

林田秀樹編著『アブラヤシ農園問題の研究Ⅰ』『アブラヤシ農園問題の研究Ⅱ』(２０２１年、晃洋書房)

ホープ・ヤーレン著、小坂恵理訳『地球を滅ぼす炭酸飲料　データが語る人類と地球の未来』(２０２０年、築地書館)

レイチェル・カーソン著、青木簗一訳『沈黙の春』(１９８７年、新潮社)

北野信彦、小檜山一良、竜子正彦、高妻洋成、宮腰哲雄「桃山文化期における輸入漆塗料の流通と使用に関する調査」保存科学第47号(２００８年)
https://www.tobunken.go.jp/ccr/pdf/47/4705.pdf

バイオマス白書２０２１　サイト版
https://www.npobin.net/hakusho/2021/index.html
「太陽光発電施設による土地改変―8、725施設の範囲を地図化、設置場所の特徴を明らかに―」２０２１年3月29日記者会配布資料
（国立研究開発法人国立環境研究所気候変動適応センター、生物・生態系環境研究センター）
https://www.nies.go.jp/whatsnew/20210329/20210329.html
「パーム油　私たちの暮らしと熱帯林の破壊をつなぐもの」（２０１９年10月16日ＷＷＦジャパン）
https://www.wwf.or.jp/activities/basicinfo/2484.html
「除草剤「ラウンドアップ」の損賠訴訟について知っていますか」（２０１９年12月27日 Think and GrowRicci 農業の未来を実現する）
https://www.kaku-ichi.co.jp/media/crop/pesticide/roundup-lawsuit-for-damages
「アメリカの除草剤ラウンドアップ（主成分名グリホサート）裁判について：よくあるご質問（ＦＡＱ）」（２０２１年7月21日　ＡＧＲＩ　ＦＡＣＴ
農と食の事実　～作る人・食べる人のサステナブルな未来へ～）
https://agrifact.jp/faq-roundup-trial/
長谷川裕也「ＤＤＴの科学」（ＷＥＢサイト：生活と化学より）
http://sekatsu-kagaku.sub.jp/ddt-science.htm
農林水産省消費・安全政策課「環境ホルモンってなあに?‥」（２００８年12月25日）
https://www.maff.go.jp/j/syouan/seisaku/training/pdf/081225b.pdf
「ハスモンヨトウ食害トマト由来の揮発性化合物に曝露された健全トマトにおけるハスモンヨトウ抵抗性誘導および配糖体様化合物の蓄積」
https://www.jstage.jst.go.jp/article/jspp/2010/0/2010_0_0315/_article/-char/ja/
「隣接する食害植物由来の青葉アルコールの取り込みと配糖体化が明らかにする新たな植物匂い受容と防衛」
https://www.kyoto-u.ac.jp/ja/research-news/2014-04-29
「植物間の香りを介したシグナリングの仕組みの解明に成功―植物もアロマテラピーする―」
http://www.yamaguchi-u.ac.jp/library/user_data/upload/Image/topics/2014/14042901.pdf

オンライン出典については、二〇二一年一〇月二五日現在のものである。

田中淳夫　タナカ・アツオ

1959年大阪生まれ。静岡大学農学部を卒業後、出版社、新聞社等を経て、フリーの森林ジャーナリストに。森と人の関係をテーマに執筆活動を続けている。主な著作に『絶望の林業』、『森は怪しいワンダーランド』（新泉社）、『獣害列島　増えすぎた日本の野生動物たち』（イースト新書）、『森林異変』『森と日本人の1500年』（平凡社新書）、『樹木葬という選択』『鹿と日本人――野生との共生1000年の知恵』（築地書館）、『ゴルフ場に自然はあるか？　つくられた「里山」の真実』（ごきげんビジネス出版・電子書籍）ほか多数。

Email／QZB00524@nifty.ne.jp

虚構の森

2021年11月30日　第1版第1刷発行
2022年9月28日　第1版第3刷発行

著者　田中淳夫

発行者　株式会社新泉社
東京都文京区湯島1-2-5 聖堂前ビル
TEL　03-5296-9620
FAX　03-5296-9621

印刷・製本　株式会社太平印刷社

ISBN 978-4-7877-2119-8 C0095